博碩文化

Arduino
創客元年

讓你在實驗中開心學習 Arduino

季雋、傅瑛　著

陳炯良　審校

U0086720

作　　者：季雋、傅瑛
審　　校：陳炯良
責任編輯：賴怡君

董 事 長：蔡金崑
總 經 理：古成泉
總 編 輯：陳錦輝

出　　版：博碩文化股份有限公司
地　　址：221 新北市汐止區新台五路一段 112 號 10 樓 A 棟
　　　　　電話 (02) 2696-2869　傳真 (02) 2696-2867

郵撥帳號：17484299　戶名：博碩文化股份有限公司
博碩網站：http://www.drmaster.com.tw
讀者服務信箱：DrService@drmaster.com.tw
讀者服務專線：(02) 2696-2869 分機 216、238
（週一至週五 09:30 ～ 12:00；13:30 ～ 17:00）

版　　次：2018 年 5 月初版一刷

建議零售價：新台幣 520 元
Ｉ Ｓ Ｂ Ｎ：978-986-434-296-9(平裝)
律師顧問：鳴權法律事務所 陳曉鳴律師

本書如有破損或裝訂錯誤，請寄回本公司更換

國家圖書館出版品預行編目資料

Arduino創客之路 / 季雋, 傅瑛著. -- 初版.
-- 新北市：博碩文化, 2018.05
　　面；　公分

ISBN 978-986-434-296-9(平裝)

1.微電腦　2.電腦程式語言

471.516　　　　　　　　　　107005778

Printed in Taiwan

歡迎團體訂購，另有優惠，請洽服務專線
博 碩 粉 絲 團　(02) 2696-2869 分機 216、238

在中小學課程改革中，要重點關注跨學科、實踐與創新

自 STEM（科學、技術、工程、數學）教育被美國提升到國家戰略地位以來，受到各國高度關注。在我國，STEM、STEAM（A 指藝術）、STEM+（+ 泛指其他學科）也成為熱詞，關注度很高，一些學校和機構已開展了相應的課程實驗。STEM 教育起源於美國，其背景主要有三：一是面向未來，美國認為 STEM 人才十分重要，關乎到國家的全球核心競爭力；二是當前美國 STEM 人才匱乏，高等教育中，STEM 領域學生的入學率和保有率持續下降；三是美國中小學生在 S（科學）、M（數學）上的表現不如人意，這在歷次 PISA（Program for International Student Assessment，國際學生評估項目）測試中已反映出來。

當我們借鑒 STEM 教育時，有一個必須思考的問題：怎樣正確認識它對我國教育改革的價值？中國教育與美國教育有共性，但也有很大的差別，教育作為培養人的工作，應當始終植根於本土之中，同時又是開放和面向未來的。對這一問題，國際教育界也有一些分析值得借鑒。如有專家提出："從其誕生的背景看，STEM 教育具有功利主義的性質……當我們思考 STEM 教育的價值時，必須將為市場服務的功利主義框架轉化為知識創造框架，追尋 STEM 教育的知識價值和教育內在價值，否則會讓原來功利主義的科學教育雪上加霜。"

由於我國當前教育改革的諸多方面與美國提出 STEM 教育的背景和思考有相似之處，因此，借鑒 STEM 教育應該是有價值的，但必須在本土化過程中，在更好地發揮其教育價值方面進行深入地思考和探索。

首先，STEM 教育及其拓展是以跨學科、綜合性為重要特徵。我國的基礎教育課程歷來十分注重學科課程，近年的課改開始重視綜合性課程和跨學科課程（如全國課改中的科學課程、綜合實踐活動課程，上海課改中的研究型課程、科學與藝術課程）。但在實施中，這些課程遠未達到應有的水準。而就"教育面向未來多變的社會"而言，綜合性、跨學科的知識和能力越來越重要，這也是我國當前課改中最新提出的培養學生發展核心素養（即必備品格與關鍵能力）的重要原因。因此，在課改中加強跨學科課程建設和跨學科學習尤顯重要。當然，我們還應從更寬的角度考慮"跨"，如文跨、理跨、文理跨，以及課程之間的跨、學習主題之間的跨。"跨"和綜合不應是不同學

科（或學習主題）的拼盤與混合，而應是融合和整合，是實質上的跨，而非形式上的跨。香港的課改有跨學科學習，又有全方位學習，值得我們借鑒。

STEM 教育把技術和工程放在突出的位置。英國的中小學也有類似的 D&T（Design and Technology，設計與技術）課程。事實上，當今社會，在社會生活、經濟發展、科學探索、軍事鬥爭等各個領域中，大大小小的各種問題（主題、專案等）絕大多數都與技術和工程有關。然而，我國中小學課程中技術教育（不包括資訊技術教育）沒有到位，工程教育則是缺位，這對於作為製造大國的中國而言，不能不說是一個嚴重的不足。

再者，美國最近發佈的中小學《新一代科學教育標準》中，特別重視實踐（科學與工程實踐），這使我們想起，上世紀九十年代末東亞金融風暴時，中央提出"創新是一個民族進步的靈魂"，由此，素質教育的內涵明確為以德育為核心，創新精神和實踐能力的培養為重點。時至今日，在素質教育的推進中，對創新有了不少研究和實驗，但在實踐方面，無論是認識、研究還是行動都是很不夠的。《新一代科學教育標準》中，還提出應以科學實踐代替科學探究。知識的學習、昇華和應用離不開實踐，學生能力的形成離不開實踐，創新也離不開實踐。

重視實踐，力行實踐，必須在學生的"做"和"動"中落實：有項目、有創意；學生動手、動腦、合作；過程中有失敗、有成功。這樣學生就能真體悟、真成長。

實踐應滲入到平時所有的學與教活動中，也可以是專門的實踐活動，例如"創客活動"，它把學習與實踐結合起來，實現了創新與創造。創客活動可發展為"創客教育"，它具備特有的教育價值（如創客文化）。這樣的例子還有很多，實驗表明，這樣的活動深受學生歡迎。

對於"創客"，現今社會的關注度和參與度越來越大，參與其中的學生的反應令人印象深刻，他們的自信心、興奮度都是一般學習過程難以達到的，這促使我們深入思考很多問題。我們常說要培養學生某種能力，於是設計了很多方案，而學生就進入了一種"被培養"的狀態，而能力似乎並不能在這種"被"的狀態下形成。在創客教育中學生處於一種主動的狀態，要進入這種狀態，教師的作用不可或缺，這種作用的力點和方向與傳統不一樣，它所撬動的是"我要創""我要做"以及"我要如何做"。

推進改革必須針對現實問題。我們的課程改革既可是全面（涉及全部課程）的，也可是部分學科和領域的，前者是全面的考慮和佈局，後者是對社會和受教育者需求的及時回應。當然也可是兩者的結合，即既有全面規劃，又突出重點，本叢書就是想為此作點貢獻。

叢書主編　張民生

2016 年 2 月

主編簡介：

張民生，國家教育諮詢委員會委員，上海教育綜合改革諮詢委員會委員，原上海市教育委員會副主任，中國教育學會副會長，上海市教育學會會長。

如果您是一位家長，希望和自己的孩子在週末能一起動手製作一些好玩的東西；如果您還在上學，想親手製作遙控車、遙控船或其他與科技相關的作品；如果您是一位老師，想幫助學生從動手實踐中獲得學習的樂趣並深刻理解知識間的聯繫；如果您想成為創客，但不知從何著手——那麼，本書正是寫給您的。

本書提供大量精心設計的實驗、專案和案例。通過動手製作，讀者不僅能製作出許多好玩的作品，還能夠體驗如何將想法變成現實。本書的目的不是要使讀者成為一名硬體工程師或者程式設計師，而是希望幫助讀者利用一些常見的材料和一台普通的電腦去實現各種想法。書中凝聚了寫作團隊關於 Arduino 開源硬體的使用經驗和美國教育學家杜威（1859—1952）的"做中學"理念，以期給讀者提供一本可以玩的書。

「學生有一些事情或東西去做，而不要扔給他們一堆東西去學。在做的過程中自然會引發思考，進而產生學習成果。」約翰•杜威很久以前說的這番話在今天更能引起共鳴。如今的孩子一進入學校，作業和考試成了他們生活的主要內容。久而久之，成績甚至代替了學習的意義，變成了首要目標。其實過去幾十年間，不僅中國，全球都經歷了追求標準化考試成績的歷程。然而有趣的是，當人們已經習慣把知識的多少和正確率看做教育水準的尺規時，社會卻已經從工業時代進入了資訊時代。

當知識的獲取變得更容易，當大多數問題解決都要經過設計、實作、驗證、反思等主動的探究過程時，學習的目的和價值是什麼呢？最近幾年經常聽到"深度學習"、"專案式學習"、"基於問題的學習"、"STEM 教育"等理念，它們均從各自的角度聚焦於複雜問題的解決。通過創客文化的形式在資訊時代獲得重生的"做中學"理論，認為對於複雜問題的解決策略不是死記硬背，而是通過動手做來鼓勵思考提問。

本書的內容結構如下圖所示，第一、二兩章幫助讀者安裝開發環境，詳細瞭解 Arduino 最基本的概念和用法。第三到第八章關注創客專案開發。第九和第十引導讀者體驗物聯網、電腦視覺、科學活動等其他類型的項目。縱向的章節是主幹，建議按序逐一進行。橫向箭頭所指的是擴展章節，不讀並不影響後續章節項目的學習製作，讀者可自行選擇。

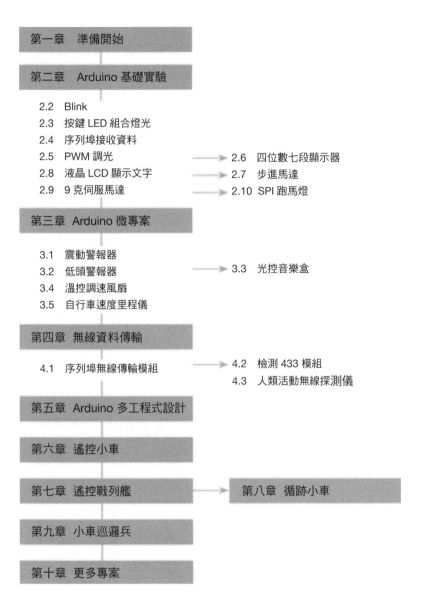

　　為了減輕讀者的認知負擔，我們在紙質書的基礎上提供了配套的學習教學網站。1. 凡涉及零組件連接、測試效果等文字表述冗長的內容書中都提供了二維碼。讀者只要手機或 iPad 掃描即可觀看教學視頻。2. 實踐的過程中遇到問題可發佈到網站上，既可請專人回答，亦可以相互幫助學習。3. 可預約面對面即時講解或現場指導。4. 提供作品展示與分享平臺。

本書創作過程中得到了大量幫助，在此一併致謝。首先感謝上海科技教育出版社的淩玲副總編和丁嶂主任在一個冬天的傍晚耐心聽完我的計畫，並在隨後兩年多時間裡一直給予熱忱和專業的幫助。感謝唐璐、謝俊華、胡楊編輯對本書提出的建議，以及出版過程中所做的大量辛勤工作。感謝上海市莘松中學陸振洋老師參與循跡小車專案的設計與原型開發工作，以及巡邏兵專案的探索，這給我們提供了大量寶貴的經驗。感謝上海師範大學教育技術系的王丹丹，在專案最艱苦的階段承受了巨大壓力，協同作者完成大量文字編寫、測試、作圖和視頻拍攝工作。同樣感謝上海師大的孫麗麗、蔡真真、朱青雲、高思鑫、林晟幫忙完成初稿檢測、實證研究，以及倪強、鄭磊、印鐘佳完成大量視頻的拍攝與編輯工作。感謝上師大計算中心的劉帥承擔了網站平臺方面的具體開發工作。

最後也深感榮幸《跨學科創新實踐教育叢書》將本書納入其中。正如總序中提出學習應該是主動的而非被動的，本書的理念認為一個人受教育的成果不僅要以能夠正確回答多少問題來衡量，更要以能夠提出多少個有價值的好問題來衡量。創客專案的靈魂正是一個有趣的問題。

本書作者　季雋

2016 年 8 月

作者簡介：

季雋，上海師範大學教育技術系副教授，博士，系副主任。

傅瑛，上海師範大學教育技術系講師。

「本書使用的工具若只有英文與簡體中文版本終將使用簡體中文版」

目錄

CHAPTER **01**

準備開始

本章將通過控制 LED 亮滅的案例來說明 Arduino 的作用。在動手製作的過程中，您將瞭解如何安裝開發環境，如何將程式碼載入 Arduino 板以及如何用程式控制燈的亮滅。

1.1 Arduino 的作用

1. 手動控制 LED 亮滅

　　LED 是一種通電後會發出亮光的電子零件。如圖 1 所示，在麵包板上插入一個 LED，串聯一個 220Ω 的電阻，最後，連接兩節 3 號乾電池。連接完成的實物圖如圖 2 所示。LED 較長的引腳是正極，連接電池的正極；較短的是負極，連接電池的負極。電路接通後，電流從電池的正極流出，經過 LED 流回電池的負極，LED 發光。連接電阻是為了防止流經 LED 的電流太大燒毀零組件所採取的保護措施。請掃描二維碼，查看電路連接。

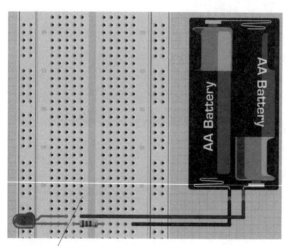

注意 LED、電阻
和導線之間的連接

掃
一
掃

電路連接過程

▌圖 1　電路接線圖

▌圖 2 手動控制 LED 的亮滅

　整個電路接通時，LED 發出亮光，斷開電路則 LED 也隨之熄滅。請按圖將零組件串聯起來，試試看，您能讓 LED 發光嗎？

Tips 電源為兩節乾電池的情況下用 220Ω 的電阻為宜。LED 的電流一般在 20mA 以下，根據兩節 3 號電池的電壓計算得到 150Ω（3V÷20mA），所以選擇一個接近 150Ω 的電阻即可。儘管電阻上有色環表示阻抗值，但不易看清，所以最好用萬用電表來測量電阻值，具體的測量方法請參考附錄 2。

---

2. 自動控制 LED 亮滅

　如果要讓 LED 每隔半秒亮一次，該怎麼辦？可以考慮捏著 LED 的引腳每隔半秒接觸一次電池，但是這樣既不能很精確地保證燈半秒亮一次，也不可能一直持續下去。再進一步，如果要每隔 0.1 秒亮一次，還能依靠手動控制嗎？儘管歷史上的摩斯電報就是用手動控制連接和斷開電路來進行信號發送的，且信號的長度可以精確到 0.1 秒，但是成為一名合格的發報員需要經過長期的培訓。隨著電子技術的發展，我們可以使用 Arduino 這類可程式設計的微控制器，以自動化的方式控制 LED 亮滅。

背景知識　摩斯電報是如何傳遞資訊的呢？在發送電報時，電鍵將電路接通或斷開。資訊是以 "點" 和 "劃" 的電碼形式傳遞，發一個 "點" 需要 0.1 秒，發一 "劃" 需要 0.3 秒。而電信號的狀態有兩種：按鍵時有電流，不按鍵時無電流。有電流時稱為傳號，用數字 "1" 表示；無電流時叫空號，用數字 "0" 表示。這樣，一個 "點" 就用 "1　0" 表示，一個 "劃" 就用 "1　1　1　0" 表示。摩斯電報將要傳送的字母或數位用不同排列順序的 "點和劃" 來表示，這就是摩斯電碼，也是電信史上最早的編碼。

3. Arduino 簡介

硬體上，Arduino 是一塊電路板，常見的是 UNO 型號（無特殊說明，本書中使用的均為此型號），其他型號有 Nano、Leonardo、Mega 等，如圖 3 所示。

Nano　　　　　　　　　　Leonardo　　　　　　　　　　Mega

▌圖 3　其他型號的 Arduino

手拿 Arduino 電路板的時候，要捏 Arduino 電路板的側面，如圖 4 所示，避免人體靜電對 Arduino 造成傷害。在北方氣候比較乾燥的情況下，接觸 Arduino 電路板之前，可以先觸摸一下金屬物體，放掉身體上的靜電。在使用 Arduino 電路板時，電路板的下方不要放置金屬導線，防止 Arduino 電路板短路。

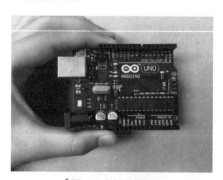

▌圖 4　拿板的兩側

　　如圖 5 所示，藍色基板上有一塊微處理器（有很多引腳的長方形集成電路塊），可理解為一個極度簡化的電腦。儘管微處理器的性能和電腦不可相提並論，但運算速度足以控制一個小機器人或一架遙控飛機。板子邊上一圈黑色的插孔連接著微處理器的引腳，通過這些引腳可連接各種外部感測器和執行器，讀取資料或控制運作。從圖 6 上看到 8 號引腳連著 LED 的正極，GND 引腳連著負極。

┃圖 5　Arduino 上的微處理器

　　但是僅有硬體還不夠，必須有配套的軟體才能開發程式。Arduino 的特別之處在於它將以前只有受過專業訓練的電子工程師才能寫的程式，通過程式設計工具簡化到小學生也能編寫。所以除了開發板硬體外，Arduino 包括函式程式庫、語言和程式設計工具。

　　借助 Arduino 的硬體和軟體，人們可以把想法用程式描述，然後放到電路板上運行。接下來的第二節將介紹如何安裝程式設計工具，第三節將採用 Arduino 控制 LED 的亮滅。

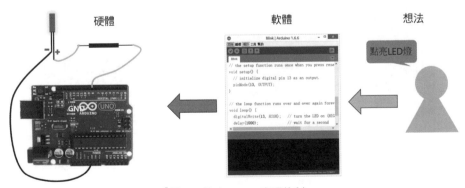

┃圖 6　借助 Arduino 實現控制

1.2 安裝 Arduino 開發環境

Arduino 開發環境可以在 Windows 和 Mac 系統上安裝。因為本書的項目是在 Windows 環境下開發的,所以,這裡以 Windows 環境為例展示安裝步驟。大致的流程是:安裝 IDE,連接 UNO 開發板,上傳測試程式(Blink)到開發板,觀察測試程式是否正常工作。

1. 下載並安裝 IDE

IDE 是 Integrated Development Environment 的縮寫,也稱 為整合開發環境,但人們一般都喜歡簡短些的名字,所以簡 稱 IDE。首先到 arduino.cc 網站下載 Arduino 的 Windows 安 裝包,然後根據提示安裝。IDE 安裝過程中會提示需要安裝 驅動,確認安裝即可。

Arduino 開發環境的安裝過程

2. 連接電腦和開發板

(1)將 UNO 電路板和電腦用 USB 線相連,然後觀察螢幕右下角是否提示驅動安裝成功。

 驅動安裝失敗的主要原因是安裝精簡版 Windows 導致缺少部分系統檔造成的。請掃描二維 碼,到本書資源網站查看解決辦法。

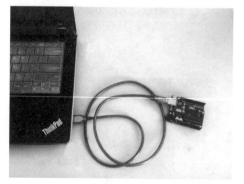

▌圖 1　USB 線連接 Arduino 和 PC 電腦

驅動安裝失敗解決辦法

（2）按兩下生成的圖示啟動 IDE，並選擇開發板的類型和序列埠。

選擇開發板的類型：工具→板子→ Arduino/Genuino UNO

選擇序列埠：工具→序列埠→ COM4（Arduino/Genuino UNO）

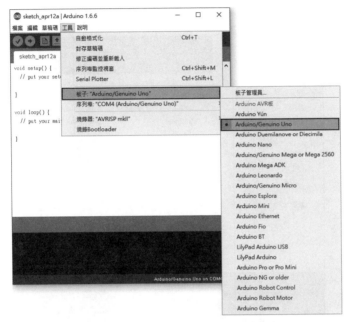

圖 2　選擇開發板類型

需要注意的是，在不同的電腦上，出現的埠號可能是不同的，這裡是 COM4，但你的
電腦上可能不是 COM4。這時應選擇 Arduino 主機板與電腦相連後出現的帶有 "Ardunio/
Genuino UNO" 的序列埠。

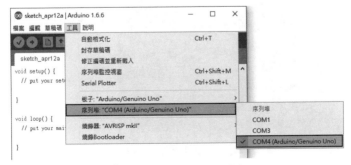

圖 3　選擇 Arduino 序列埠

3. 載入 Blink 程式並運行

從功能表中選擇"檔案"→"範例"→"01.Basic"→"Blink"。Blink 程式的作用是讓 Arduino 主機板上 13 號引腳控制的板載 LED 每隔 1 秒點亮一次。

▌圖 4　載入 Blink 程式

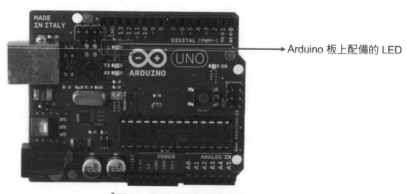

▌圖 5　與 13 號引腳相連的 LED

程式載入後，點擊上傳按鈕，將程式上傳至 Arduino 主機板。

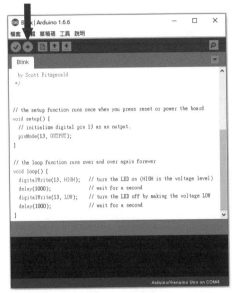

▌圖 6　上傳程式

4. 觀察程式是否正常運行

　　觀察與 13 號引腳相連的 LED 是否閃爍。若閃爍，則表明 Arduino 的硬體和軟體均工作正常。請掃描二維碼，查看實驗效果。

▌圖 7　閃爍的 LED

掃一掃

實驗效果

1.3 用 Arduino 控制 LED 亮滅

上一節中已使用 Blink 程式讓板載的 LED 實現亮滅。本節中，只要對程式稍作修改即能控制連接在其他引腳上的 LED。

1. 觀察 Blink 程式的運行

UNO 主機板通電後，首先執行 setup() 裡的程式碼，目的是初始化將使用的引腳。Setup 只會執行一次，通常準備工作都在這裡完成。接著，UNO 主機板就會一遍又一遍地執行 loop() 裡的程式碼，直到斷電為止。loop 是將 13 號引腳的電壓設為高（5V），保持 1 秒，再設為低（0V），也保持 1 秒，當迴圈執行 loop 時，就出現 LED 不停亮滅的效果了。

注意：程式中的時間單位均為毫秒。雙斜線後的是註釋文字，不參與程式運行。

```
// 程式碼：Blink 程式
 // 通電後 setup 執行一次，然後執行 loop。
  void setup() {
    pinMode(13, OUTPUT);            // 將 13 號引腳設為輸出。
  }

 // loop 中的程式碼會迴圈執行，直到斷電。
  void loop() {
    digitalWrite(13, HIGH);        // 將 13 號引腳電壓設為高
    delay(1000);                   // 等待 1000 毫秒（1 秒）
    digitalWrite(13, LOW);         // 將引腳電壓設為低
    delay(1000);                   // 等待 1 秒
  }
```

2. 連接電路

首先將 LED 與 1K 電阻串聯,然後把 LED 的正極插到 8 號引腳,負極插到 GND 引腳,如圖 1 所示。請掃描二維碼,查看電路連接過程。

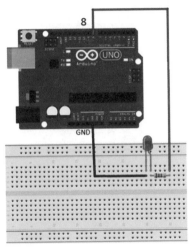

掃一掃

電路連接過程

圖 1　Arduino 連接 LED

3. 修改 Blink 程式

將程式中所有的 13 改為 8,並點擊 ◉ 將程式上傳至 Arduino 主機板。能看到 LED 閃爍嗎?掃描二維碼,查看實驗效果。

掃一掃

實驗效果

本章小結

通過 Arduino 控制 LED 的案例，瞭解了如何用程式控制引腳電壓高低從而使 LED 亮滅，也瞭解了開發所用的軟硬體工具和基本流程。LED 的閃爍有什麼意義呢？其實我們看到的是 Arduino 在和外界的 "說話"。它的語言不是人類如歌的音調，而是高低變化的電壓。當電壓變化得足夠快時，就能傳遞各種資料，實現各種控制。

您是否在困惑，這是不是需要學習模擬電路的知識呢？其實除了最簡單的電壓、電流、電阻概念，Arduino 專案並不需要深奧的模擬電路知識。借助 Arduino，所有的控制問題都 轉變為程式設計問題。在過去模擬電子時代，若要改變一盞燈閃爍的頻率，必須改動它的硬體線路，而現在只需改變程式即可。本書中的所有項目，只要一個萬用電表測量電壓、電阻就足矣，連電流都不需要測量，當然模擬電路的知識可以幫助我們產生更多有趣的想法。

 擴展案例

我們已經通過程式實現每隔 1 秒點亮一個 LED，假若現在增加 LED 的個數，你能同時點亮 3 個以上的 LED，並且使這些 LED 每隔 0.5 秒點亮一次嗎？可以採用藍色或白色的 LED 做出警示燈的效果嗎？

請掃描二維碼上傳你的作品與大家分享吧！你也可以通過掃描二維碼查看已經上傳的作品。

掃一掃

線上交流

CHAPTER 02

Arduino 基礎實驗

通過第一章的學習，您是否已經在好奇：我們還能用 Arduino 做些什麼呢？

本章為您精心準備了九個專案，和您一同體驗 Arduino 如何控制按鍵開關，

如何實現 PWM 調光，如何控制伺服馬達 的轉動⋯⋯

2.1 Arduino 的腳位與介面

　　觀察 UNO 主機板，其上有許多插孔和介面。這一節將簡單介紹這些插孔和介面的名稱
和作用，並在後續的實驗中，詳細瞭解它們的功能和使用方法。UNO 主機板上的各類腳
位和介面如圖 1 所示。

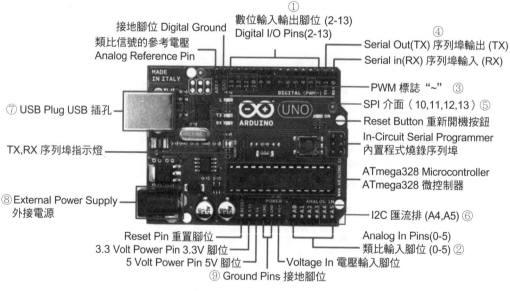

圖 1　Arduino 介面和腳位

1. 數位和類比腳位

① 數位腳位，標記為 2~13 的一排插孔。D 代表 Digital（數字），表示這類腳位的電位只有高（5V）和低（0V）兩種狀態。數位腳位既可輸出也可輸入。

掃一掃

UNO 開發板介面與腳位

② 類比腳位，位於板底邊右側的一排插孔。A 代表 Analog（類比），指連續變化的量，在 0~5V 範圍內變化，對應 0~1023 整數範圍。類比腳位只能輸入，不能輸出。

③ PWM 腳位，是數字腳位中標有 PWM "~" 記號的插孔。這些腳位能夠輸出有變化的電壓信號，可以用於控制馬達的轉速、伺服馬達轉動角度等有幅度變化的執行工作。

2. 輸入輸出介面

相關腳位組合在一起構成了輸入和輸出介面。

④ 序列介面，由數位腳位 0（RX）和 1（TX）組成，TX 表示 Arduino 發送指令資訊給接收端，RX 表示 Arduino 接受來自發射端的指令資訊。

⑤ SPI 介面，英文全稱是 Serial Peripheral Interface，序列埠通信週邊設備介面。可用來擴展數位腳位，也可用來連接 nRF24L01 ＋網路模組。它一般有四根線組成，對應 Arduino 主機板上的 10、11、12 和 13 腳位。SPI 主要用於序列資料的傳輸，傳送速率比 TX 和 RX 序列介面更快。

⑥ I2C 介面，I2C 是雙向的兩線連續匯流排，這兩條匯流排對應 Arduino 主機板上的 A4 和 A5 兩個類比腳位。它主要用於多塊 Arduino 主機板之間的連接和外部模組的通信。

⑦ USB 介面，主要用於連接 PC，從 IDE 下載和偵錯工具。下載程式時，Arduino 板上 TX 和 RX 的指示燈會不停地閃爍。

3. 外部供電介面

⑧外接電源介面，用於為主機板供電，其電壓範圍是 6~12V。Vin 用於給 Arduino 供電，要求非常穩定的 5V 電壓輸入。在熟悉 Arduino 之前，強烈建議不要用 Vin 供電，因為該腳位沒有電壓保護，易燒壞主機板。建議用左側的圓型插孔為 Arduino 供電。

⑨供電腳位，位於主機板底邊左側的一排插孔，用於給外部零組件供電。有 5V 和 3.3V 兩種電壓輸出方式，GND 表示接地。

2.2 Blink

1. 實驗目的

本實驗是讓一盞 LED 燈每隔一秒閃爍一次。目的是展示如何通過程式設計來控制 Arduino 數位腳位的電壓高低。雖然實驗效果並不絢麗，但足以說明 Arduino UNO 主機板如何通過控制腳位電壓與外部零組件進行 "對話"。

 Tips 本實驗和第一章 "準備開始" 中所舉的案例非常相似。若您已經知道如何使用麵包板和萬用電表測電阻，可跳過此實驗。

2. 認識零組件

實驗零組件：LED（一個）、色環電阻（一個）、麵包板和 Arduino UNO 主機板（各一塊）、USB 數據線（一條）、跳線（若干）。

（1）LED

LED 是 Light Emitting Diode 的縮寫，中文稱發光二極體。如圖 1 所示，它有一長一短兩個腳位，長腳位為正極，短的為負極，電流只能單向流過，電流流過時，便會發光。普通的紅色 LED 正偏壓降為 1.6V，黃色為 1.4V 左右，藍、白色至少 2.5V，工作電流 5~20mA。因此，一般會將 LED 與電阻相連，避免 LED 被燒壞。

▎圖 1　LED

（2）色環電阻

色環電阻是在電阻的表面塗上一定顏色的色環，用來顯示阻值。色環電阻一般在電路中起到分壓限流作用，保護電路中的零組件，避免零組件因電流過大而燒壞的作用。儘管可以通過色環的顏色來判斷電阻阻值大小，但由於電阻實物較小，上面的顏色也常常看不清楚，因此，實驗前應使用萬用電表來測量電阻值，萬用電表的使用介紹可查閱附錄 2 "萬用電表的使用"。

▌圖 2　色環電阻

（3）麵包板

麵包板的實物如圖 3 所示。它用於連接各種零組件，其優勢在於避免焊接且易於改變零組件的連線。由於板子上面有很多小插孔，像極麵包，因此得名。

▌圖 3　麵包板

如圖 4 所示，麵包板的結構分為上、中、下三部分。上和下兩部分是由兩列插孔構成的窄條，中間部分是由中間一條隔離凹槽和上下各 5 列的隔離插孔構成。

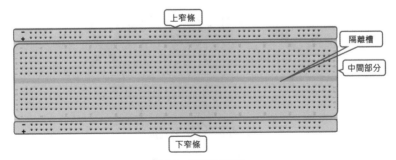

▌圖 4　麵包板結構

本節實驗只使用中間部分的插孔，使用時應注意：

①中間部分的每一行都相通。如圖 5 所示，綠色點的部分是通電的；但行與行之間不通。所以，如圖 6 所示，電阻和導線接在同一行時導通，不在同一行時，則不導通。

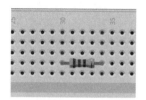

▌圖 5　同行相通

行與行之間不通，此時電阻和跳線沒有相連

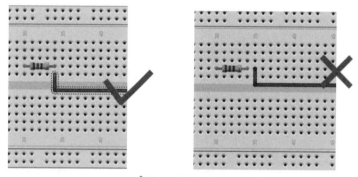

▌圖 6　異行不通

②中間部分的凹槽將麵包板分為上下區域，上下之間不連通，因此零組件與跳線不能跨過凹槽進行串聯，如圖 7 所示。

電阻和跳線隔著凹槽，二者不連通

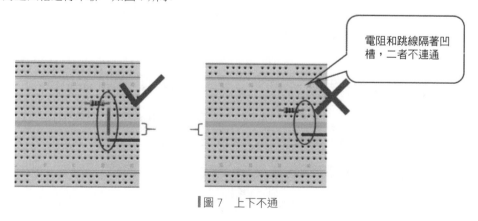

▌圖 7　上下不通

（4）Arduino UNO 主機板

Arduino UNO 主機板如圖 8 所示，前面已經介紹，它是一個單晶片微電腦，上面有許多不同用處的腳位，工作電壓為 5V。它利用腳位讀取各種開關及感測器的信號來控制燈、馬達等各種設備。

▎圖 8　Arduino UNO 主機板

（5）USB 數據線

USB 資料線用來連接電腦和 UNO 主機板，通過它為 UNO 主機板供電，將程式碼燒錄到 UNO 主機板中。

▎圖 9　USB 數據線

（6）跳線

如圖 10 所示，跳線是兩端成針狀的金屬導線，用於連接實驗電路，傳遞信號。連接電路時，習慣用紅色線接正極，黑色線接負極，這樣便於區分。

▎圖 10　跳線

3. 實驗內容

通過每隔一秒改變一次 LED 兩端的電壓差，控制 LED 的點亮和熄滅，使 LED 呈現閃爍的效果。

（1）電路連接

連接電路時，注意看清 LED 的正負極，長端為正，短端為負，以免燒壞 LED 燈。掃描二維碼，查看電路的接線過程。

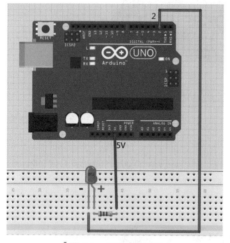

電路連接過程

┃圖 11　電路接線圖

如圖 11 所示連接電路，為了避免電流過大燒毀 LED，需要串接一個電阻。將 LED 與電阻串聯後，利用跳線將與電阻串聯的 LED 的正極與 UNO 主機板的 5V 腳位相連，LED 的負極與 UNO 主機板的 2 號腳位相連。需要串聯多大的電阻呢？可以參考計算方法：R（電阻值＋LED 發光二極體電阻值）=V（電壓）/I（LED 發光二極體最大工作電流）。本實驗中，串聯 1kΩ 的電阻。

┃圖 12　數位腳位示意圖

2 號腳位是數位腳位，用於傳遞數位信號。在 UNO 主機板上一共有 14 個數位腳位（0~13），如圖 12 所示，它們均用於傳遞數位信號（只有高、低電位，即 5V 或 0V 兩種狀態），其中帶 "~" 標誌的腳位不僅可以控制電壓的高低，還可以用於傳遞 PWM 信號（這將在本章第五節 "PWM 調光" 中涉及）。此電路中的 LED 負極不是只能接 2 號腳位，也可以接其他數位腳位。

電路工作時，先通過 2 號腳位給 LED 一個低電位，使 LED 兩端產生電壓差，點亮 LED；1 秒後，再通過 2 號腳位給 LED 一個高電位，這時 LED 兩端不存在電壓差，LED 熄滅。重複這一過程，LED 便呈現閃爍的效果。

（2）程式碼編寫

```
// 定義部分
#define led 2// 定義數字腳位 2 的名字為 led，凡遇到 led 這個名字就用 2 代替。
// 初始化部分
void setup()
{
pinMode(led,OUTPUT); // 定義 led 腳位為輸出模式
}
// 迴圈函式部分
void loop()
{
 digitalWrite(led,LOW);        //led 腳位輸出低電位，點亮 LED。
 delay(1000);                  //LED 點亮狀態持續 1 秒
 digitalWrite(led,HIGH);       //led 腳位輸出高電位，熄滅 LED。
 delay(1000);                  //LED 熄滅狀態持續 1 秒
}
```

程式總是自上而下執行，首先執行定義部分，然後執行初始化部分，最後執行迴圈函式部分。

定義部分主要是對程式碼中的腳位進行命名,即給腳位一個合適的名稱。名稱應使用英文字母,並且遵循"望文知意"的原則。這裡用英文單詞"led"代替 2 號腳位。

初始化部分對使用到的腳位進行模式設定。本實驗通過 2 號腳位輸出信號至 LED,因此定義 2 號腳位為輸出模式。setup() 函式只執行一次。

主函式 loop() 裡的程式在程式運行時進行無限次迴圈執行。其中 digitalWrite() 函式寫入的是腳位電位信號,LOW 代表低電位,HIGH 代表高電位。

在 loop() 函式中,首先利用 digitalWrite(led,LOW) 函式給 led 腳位低電位(2 號腳位與 LED 的負極相連)。此時 LED 的正極接 5V 腳位為高電位,LED 兩端產生壓降,LED 被點亮。

延時函式 delay() 的作用是使上一步的狀態持續一定的時間。delay() 函式延時的時間單位是毫秒,delay(1000) 表示延時 1 秒,即 LED 的點亮狀態持續 1 秒。利用 digitalWrite(led,HIGH) 為 led 腳位寫入高電位,當 led 腳位為高電位時,LED 兩端沒有壓降,LED 熄滅。delay(1000) 表示 LED 熄滅的狀態持續 1 秒。這樣 LED 就會以點亮 1 秒,熄滅 1 秒的狀態不斷迴圈,呈現閃爍的效果。

(3)測試

根據以下步驟進行測試。

① 將實驗程式碼寫入 IDE 中,用 USB 資料線將 UNO 主機板和電腦 USB 介面相連,並對程式碼進行編譯。當程式設計視窗的下部顯示"Done compiling"時,表示程式碼編譯成功,意味著程式中沒有語法錯誤。但這不表明程式一定能夠正確運行。

▎圖 13　編譯成功

② 程式碼編譯成功後，將程式碼上傳至 UNO 主機板。當程式設計視窗的下部顯示 Done uploading 時，表示上傳成功。

 編譯器能夠檢測程式的精確性，但不能判斷準確性。準確性通常要由人來判斷。

‖圖 14　上傳成功

③觀察實驗的現象，能否達到預設效果。請掃描以下二維碼，查看實驗效果。

實驗結果

4. 小結

本實驗展示了用程式控制 Arduino 腳位電壓的方法。看似簡單，但請設想，若沒有 Arduino 這種可程式設計晶片會怎樣？那就不僅要用到電感、電容等類比電子零組件，還要用到示波器和萬用電表的高級功能才能設計出專門的電路實現燈的閃爍。有了 Arduino，只要編程就可以實現各種功能，不必依賴類比電路的知識和昂貴而複雜的工具。

本節程式碼

2.3 按鍵 LED 組合燈光

1. 實驗目的

在 Blink 實驗中學習了利用程式碼控制物理電路實現 LED 的閃爍。本節實驗將通過按鍵控制電路中的 LED，讓三盞 LED 以二進位數字的模式點亮。三盞 LED 的點亮和熄滅將呈現 8 種組合（如下表所示），每按一次按鍵，就切換一種燈光組合。實驗將通過 Arduino 的腳位讀取按鍵開關的狀態，進而改變 3 盞 LED 的燈光組合。以數位 "1" 代表 LED 點亮狀態，數位 "0" 代表熄滅狀態。三盞燈的二進位排列方式如下。

▌表1 三盞燈的亮滅情況

二進位編碼	LED 燈的狀態
000	滅 滅 滅
001	滅 滅 亮
010	滅 亮 滅
011	滅 亮 亮
100	亮 滅 滅
101	亮 滅 亮
110	亮 亮 滅
111	亮 亮 亮

2. 認識零組件

實驗零組件：按鍵開關（一個）、麵包板（一塊）、UNO 主機板（一塊）、USB 數據線（一條）、LED 和電阻（各三個）、跳線（若干）。

（1）麵包板

麵包板中間部分使用注意事項在上一節中已經介紹了，本節將介紹麵包板上、下兩窄條的使用。麵包板的上、下兩窄條主要用於連接供電部分，解決 GND 和 5V 腳位數量不夠的問題。由於本實驗有一個按鍵和三盞 LED，而 UNO 主機板只有三個 GND 腳位，因此，需要用到麵包板的上橫窄條部分。

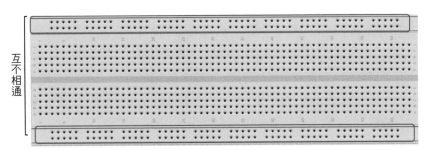

▌圖 1　麵包板示意圖

使用時，通常一條排孔接 UNO 主機板的 5V 腳位，一條接 GND 腳位。

同在一排的插孔相通，上下兩排的插孔互不相通

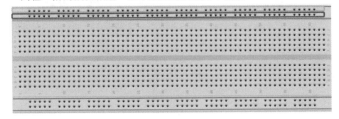

▌圖 2　同橫排相通

注意：有些麵包板上下橫窄條中，同在一排的插孔中間是不相通的，如圖 3 所示。

中間是不通電的

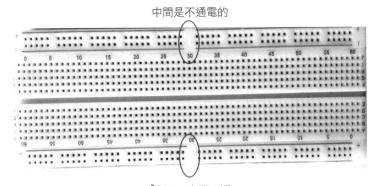

▌圖 3　中間不通

（2）按鍵

　　按鍵如圖 4、5 所示，每個按鍵都有四個腳位。按鍵其實是一種微動開關，主要用於控制電路的接通與斷開，按鍵按下電路接通，按鍵彈起電路斷開。按鍵的 1 和 4 兩個腳位相通，2 和 3 兩個腳位相通。按鍵按下時，四個腳位相互導通。實際拿到的按鍵開關不會標識腳位編號，所以從對角的兩個點引線即可。

▌圖 4　按鍵　　　　　　　▌圖 5　按鍵腳位示意圖

3. 實驗內容

實驗 1：一個按鍵控制一盞 LED

　　本實驗的目的是用 if() 程式不斷地判斷按鍵的狀態。按鍵按下，LED 亮，再按一下熄滅。

（1）電路連接

　　如圖 6 所示，使用對角線的方式將按鍵接入電路中，按鍵的一端接 GND 腳位，另一端接 5 號腳位。LED 的正極接 2 號腳位，負極接 GND 腳位。5 號腳位用於讀取按鍵狀態，2 號腳位用於控制 LED 亮滅。掃描二維碼，查看電路的接線過程。

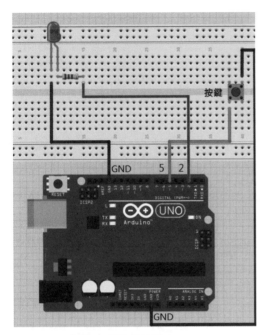

GND　　5　2

GND

掃
一
掃

電路連接過程

▌圖 6　電路接線圖

（2）程式碼編寫

```
// 定義部分
#define LED 2                          // 定義實驗用到的腳位 將 LED 用 2 替換
#define KEY 5                          // 定義實驗用到的腳位 將 KEY 用 5 替換
int KEY_NUM = 0;                       // 定義 int 型變數紀錄按鍵下的狀態
// 初始化部分
void setup()
{
 pinMode(LED,OUTPUT);                  // 設定腳位的輸出模式
 pinMode(KEY,INPUT_PULLUP);            // 設定 KEY 腳位為輸入腳位 並啟動上拉電阻
 digitalWrite(LED,LOW);               // 設定 LED 腳位的電位為低
}
```

```
// 主函式部分
void loop()
{
  KEY_NUM = 0;
  if(digitalRead(KEY) == LOW)                    // 判斷按鍵是否被按下
  {
    delay(20);                                   // 延遲 0.02s 去抖動可參考圖 8 的講解
    if(digitalRead(KEY) == LOW)                  // 判斷按鍵是否處於按下的狀態
    {
      KEY_NUM = 1;                               // 按鍵處於按下的狀態
                                                 // 為 KEY_NUM=1, 記錄按鍵的狀態
      while(digitalRead(KEY) == LOW);            // 執行空迴圈 按鍵彈起時跳出迴圈
    }
  }
  if(KEY_NUM == 1)
  {
    digitalWrite(LED,!digitalRead(LED));         // 為 LED 燈的狀態置反
  }
}
```

由於按鍵接通時，電阻為 0，5 號腳位處於低電位狀態。Loop 中的程式每執行一次就判斷一下按鍵是否被按下。按鍵接通的初期（大約 20 毫秒）存在忽通忽斷的情況，所以用 delay（20）讓程式等待 20 毫秒再繼續執行。只有當 5 號腳位為低電位時，給變數 KEY-NUM 值為 1。最後一條 if 程式則根據 KEY-NUM 變數的值設置 2 號腳位的電位狀態。

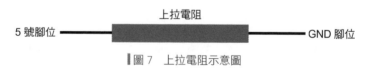

上拉電阻

5 號腳位 ———————————— GND 腳位

▍圖 7　上拉電阻示意圖

Arduino 的每個數字腳位都內置了一個上拉電阻，目的是保護開發板和簡化電路。若沒有這一電阻，5 號腳位的高電位不經過任何負載會造成電流過大而燒壞開發板。在沒有連接上拉電阻的情況下，可以在電路中串聯一個電阻來保護電路。

```
if( 條件 )
  {
  程式；
  }
```

if() 程式是分支程式。程式執行時，滿足 if() 程式小括弧內的條件，將執行大括弧中的程式，反之，則不執行。若 if() 程式的大括弧內只有一句程式，那麼大括弧可以省略不寫，但不建議省略大括弧。

if() 程式可以嵌入使用，例如：

```
  if()
{
  if()
    {
      程式；
      }
  }
```

嵌入的 if() 程式自上而下依序執行！

　　程式碼中使用的是 if() 語句的嵌入形式。執行第一個 if(digitalRead(KEY) == LOW); 程式時，先利用 digitalRead() 函式讀取 KEY 腳位的狀態，如果 KEY 腳位的狀態滿足 digitalRead(KEY) == LOW 的條件，即按鍵按下，則執行 delay(20)。由於按下按鍵是一個機械動作，會產生抖動，因此按鍵按下時電位不能瞬間從高電位轉化為低電位，而是要經過鋸齒型變化直至變成低電位。這個過程大概會持續 0.02s，因此設定延遲 0.02s 去除因為機械操作而產生的電位不穩定的現象。

當按鍵被按下時，由於人手的抖動原因，KEY 腳位會出現電位不穩定的情況，這個情況會持續 0.02s。

▌圖 8　按壓判斷示意圖

延遲 0.02s 後，執行第二個 if(digitalRead(KEY) == LOW); 程式，再次判斷按鍵是否處於按下的狀態。如果滿足條件，執行 KEY_NUM = 1 程式，記錄按鍵的狀態。之後執行 while(digitalRead(KEY) == LOW); 迴圈程式。

```
if( 條件 )
  {
  程式；
  }
```

While() 是迴圈程式。它表示只要滿足 while() 程式中小括弧的條件，就不斷執行大括弧內的程式，直至不再滿足 while() 程式中的條件。若大括弧中的程式只有一句，大括弧可以省略不寫；若大括弧中沒有程式，也就是說滿足 while() 程式的條件，什麼都不執行，此時省略大括弧，但保留 “；” 分號，這時它代表執行一個空程式。

本程式碼中，while(digitalRead(KEY) == LOW); 語句表示當腳位 KEY 的狀態為 LOW 時，迴圈不斷地判斷 KEY 腳位的狀態。當 KEY 腳位的狀態為 HIGH，不再滿足 “while(digitalRead(KEY) == LOW);” 程式，即按鍵彈起時，則跳出迴圈，不再執行迴圈部分的內容。這部分又稱為 “鬆手判斷”，即判斷按下按鍵的手是否鬆開，按鍵是否彈起。迴圈結束後，程式碼按照自上而下的執行原則，執行剩餘的程式碼。

if(KEY_NUM == 1)；程式判斷按鍵是否被按下過。如果按鍵被按下過執行 digitalWrite (LED,!digitalRead(LED)); 語句，為 LED 腳位寫入電位信號。此處不同的是 digitalWrite() 的第二個參數不再是 HIGH 或 LOW，而是一個運算式。 “！” 簡稱 “非” ，表示對運算式進行取反操作。例如，此時 digitalRead() 讀取的 LED 狀態為 HIGH，點亮狀態，加上 “！” ，那麼 LED 的狀態為 LOW，熄滅狀態。

在 digitalWrite(LED,!digitalRead(LED)); 程式中，先利用 digitalRead() 函式讀取 LED 腳位的電位值，再利用 “！” 對得到的狀態取反，寫入 LED 腳位。如果按下按鍵之前 LED 腳位是高電位（LED 點亮），那麼，digitalWrite(LED,!digitalRead(LED)); 程式是將高電位的反狀態（低電位）寫入 LED 腳位，使 LED 熄滅。如果按下按鍵之前 LED 是低電位狀態（LED 熄滅），那麼，digitalWrite(LED,!digitalRead(LED)); 程式是將低電位的反狀態（高電位）寫入 LED 腳位，使 LED 點亮。

（3）測試

　將程式碼輸入到 Arduino 的程式設計環境中，進行驗證編譯。
驗證編譯成功後將程式碼上傳至 UNO 主機板（具體的操作方式
參考第二節 Blink 實驗的測試部分）。按下按鍵後鬆手，LED
點亮；再次按下按鍵後鬆手，LED 熄滅。掃描二維碼查看實驗
效果。

實驗效果

（4）簡化程式碼

　利用前面的程式碼雖然可以達到實驗的效果，但整個 loop() 主函式中程式碼過多，顯
得非常複雜，不利於對程式碼的理解。下面是利用自訂函式簡化後的 loop() 主程序。

```
// 定義部分
#define LED 2
#define KEY 5                        // 定義實驗用到的腳位
// 初始化部分
int KEY_NUM = 0;                     // 定義 int 型變數用於判斷按鍵的狀態
void setup()
{
pinMode(LED,OUTPUT);                 // 定義用到的腳位模式
pinMode(KEY,INPUT_PULLUP);
digitalWrite(LED,LOW);               // 定義用到的腳位狀態
}
// 主函式部分
void loop()
{
ScanKey();                           // 運用函式 SanKey() 掃描按鍵狀態
if(KEY_NUM == 1)
{
digitalWrite(LED,!digitalRead(LED));  // 為 LED 燈的狀態置反
}
}
// 自訂函式 ScanKey()
```

```
void ScanKey()
{
KEY_NUM = 0;
if(digitalRead(KEY) == LOW)                 // 判斷按鍵是否被按下


{
delay(20);     // 延遲 0.02s
if(digitalRead(KEY) == LOW)                 // 判斷按鍵是否處於按下的狀態
{
KEY_NUM = 1;                                // 按鍵處於按下的狀態
                                            // 為 KEY_NUM=1, 記錄按鍵的狀態。
   while(digitalRead(KEY) == LOW);   // 執行空迴圈,當按鍵彈起時跳出迴圈
  }
 }
}
}
```

　　本程式碼與上一個程式碼的不同之處在於,它將判斷腳位 KEY 的程式碼放入自訂函式 ScanKey() 中。

 自訂函式是為了讓程式碼可重複使用而採用的一種程式設計方法。一般把數值不同但過程完全相同的程式碼封裝為一個函式。自訂函式的名稱根據功能自行確定,大都有"望名知意"的作用。例如,自訂函式 ScanKey(),函式名的意思為"掃描鍵",它的作用就是不斷判斷 KEY 腳位的狀態。自訂函式可以放在 loop 前面或後面的任何位置,但一般習慣性將其放在主函式 loop() 後,這樣程式碼整體上會顯得整潔許多,有利於後期的測試與修改。在運用時直接將函式名連同小括弧一起放入主函式的恰當位置,在其後加上符號";",構成一個程式。

　　本程式碼中,將判斷按鍵腳位的程式碼放入 ScanKey() 函式之中。因為在主函式執行時,首先需要對 KEY 腳位的狀態進行判斷,所以,ScanKey(); 程式放在主函式的第一句,首先被執行。

對簡化後的程式碼進行驗證編譯，驗證編譯成功後將程式碼上傳至 UNO 主機板。按下按鍵 LED 亮，再次按下按鍵 LED 熄滅。掃描二維碼，查看實驗效果。

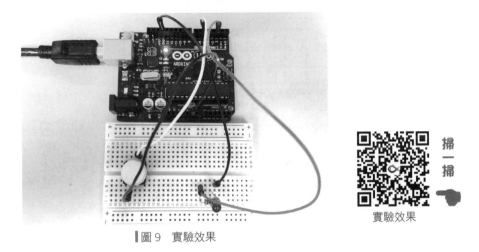

▌圖 9　實驗效果

實驗 2：一個按鍵控制 3 盞 LED

在測試成功一個按鍵控制一盞 LED 的基礎之上增加兩盞 LED，並通過 Switch 函式檢測按鍵是第幾次被按下並彈起來切換 3 盞 LED 組合的狀態。

（1）電路連接

如圖 10 所示，將 3 盞 LED 的正極與 UNO 主機板的 2、3、4 數位腳位相連。電路利用這些腳位將 UNO 主機板的信號傳遞至 LED，控制 3 盞 LED 的亮滅。3 盞 LED 的負極統一接入麵包板的下橫窄條部分，再用一根跳線將它們與 UNO 主機板的 GND 相連。將按鍵採用對角線的方式接入電路中，按鍵的一端接 5 號腳位，一端接麵包板的下橫窄條部分，與 3 盞 LED 的負極腳位接在同一行。電路工作時，每次按下按鍵，LED 都以二進位的一種方式點亮，8 次為一個迴圈週期。掃描二維碼，查看電路連接過程。

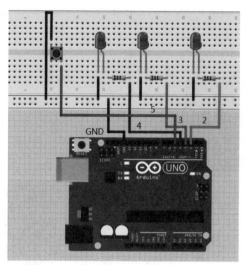

掃一掃

電路連接過程

▎圖 10　電路接線圖

（2）程式碼編寫

```
// 定義部分
#define LED1 2
#define LED2 3
#define LED3 4
#define KEY  5                      // 定義實驗中用到的腳位
int KEY_NUM = 0;                    // 定義一個變數用於儲存按鍵按下的次數
// 初始化部分
void setup()
{
  pinMode(LED3,OUTPUT);
  pinMode(LED2,OUTPUT);
  pinMode(LED1,OUTPUT);
  pinMode(KEY,INPUT_PULLUP);        // 定義實驗中用到的腳位模式
  digitalWrite(LED3,LOW);
  digitalWrite(LED2,LOW);
  digitalWrite(LED1,LOW);           // 初始化 3  LED 的狀態 為熄滅狀態
}
```

```
// 主函式部分
void loop()
{
// 運用函式 SanKey() 掃描按鍵狀態 當 KEY_NUM 是不同數字的時候 利用 switch() 函式切換到
// 不同數字對應的不同的 case.
  ScanKey();
  KEY_NUM=ScanKey(KEY);
  switch(KEY_NUM)
  {
    case 1:
    digitalWrite(LED1,HIGH);
    digitalWrite(LED2,LOW);
    digitalWrite(LED3,LOW);
    break;
    case 2:
    digitalWrite(LED1,LOW);
    digitalWrite(LED2,HIGH);
    digitalWrite(LED3,LOW);
    break;
....../* 此處根據二進位的方式給三個腳位不同的狀態 001,010,011 100,101,110,111 000 "1"給
對應的腳位高電位 "0"給對應的腳位低電位 */
    case 8:
    digitalWrite(LED1,LOW);
    digitalWrite(LED2,LOW);
    digitalWrite(LED3,LOW);
    break;
    default:
    break;
  }
}
// 自訂函式部分
void ScanKey()
{
```

```
    if(digitalRead(KEY) == LOW)                    // 判斷按鍵是否按下
    {
      delay(20);                                   // 延遲 20ms 去抖動
      if(digitalRead(KEY) == LOW)                  // 判斷按鍵是否按下
      {
        KEY_NUM = KEY_NUM + 1;                     // 當按鍵按下 讓 KEY_NUM 的值增加
        if (KEY_NUM >8)         // 判斷按鍵按下幾次 如果按鍵的值大於等於 9 那麼讓 KEY_
NUM 設置為 1
        {KEY_NUM =1;}
        while(digitalRead(KEY) == LOW);            // 判斷按鍵是否彈起
      }
    }
}
```

程式首先定義了 LED 的名稱和一個 int 型的 KEY_NUM 變數用於儲存按鍵按下的次數。然後對實驗中用到的腳位模式和 3 盞 LED 的狀態進行初始化。

主函式 loop() 裡首先執行 ScanKey() 函式去檢查按鍵的狀態。在 ScanKey() 中，若按鍵處於按下的狀態，執行 KEY_NUM = KEY_NUM + 1; 程式。該程式的意思是將 KEY_NUM 變數中的值取出，加 1 之後再存入變數 KEY_NUM 中，此時變數 KEY_NUM 的值便比原來的多 1。

程式碼中，每當 KEY_NUM 的值增加 1（按鍵每按下一次，KEY_NUM 的值就會增加 1），都將判斷 KEY_NUM 的值是否大於 8（按鍵被按下的次數是否大於 8 次）。如果 KEY_NUM 的值不大於 8，則不執行 KEY_NUM=1；程式。利用 while(digitalRead(KEY) == LOW); 判斷按鍵是否彈起，如果彈起，那麼此次按鍵按下彈起的過程完成，程式碼返回 loop() 函式去執行 switch() 程式。

```
swich(NUM)
{
case num 1:
程式 1;
Break;
case num2:
程式 2;
 break;
......
case num N:
程式 n;
Break; Default:
 程式 n+1;
}
```

Switch() 分支程式在執行時，會根據 NUM 值決定執行哪一個 case 的分支語句。執行 case 程式時，遇到 break; 則 case 程式執行完畢，跳出 switch() 程式的執行。如果 NUM 不滿足任何一個 case 的 num 值，則執行 default 中的程式。在執行 switch() 分支程式時，每個 case 原則上都對應一個 break; 程式，程式碼書寫過程中不能省略，否則程式碼執行時會按照 "自上而下" 的原則，依執行，碰到 break; 程式後便跳出 switch() 程式。

以本程式碼為例瞭解 switch() 程式的執行。假設按鍵是第一次被按下，那麼 KEY_NUM 的值經過運算變為 1，執行 if() 程式判斷 KEY_NUM 的值是否大於 8。因為 KEY_NUM 的值為 1，小於 8，因此不執行 KEY_NUM=1; 程式。執行 while(digitalRead(KEY) == LOW) 判斷按鍵已經彈起後，執行 case 1 分支程式，遇到第一個 break; 程式，便跳出 switch() 分支 程式，結束程式碼的執行。

執行完畢後，LED1 處於點亮狀態，LED2 和 LED3 處於熄滅狀態。

再次按下按鍵時，經過計算 KEY_NUM 的值為 2，執行 case 2 分支程式，遇到第一個 break; 程式跳出 switch() 分支程式，結束程式碼的執行。執行完畢後，LED1 和 LED3 處於熄滅狀態，LED2 為點亮狀態。這樣按鍵依次按下，程式碼分別執行不同的 case 程式。

　　如果 KEY_NUM 的值大於 8，假設為 9 時，說明按鍵已經被按下了 9 次。從邏輯上說，此時程式碼已經執行完畢一個二進位迴圈，這時的狀態應該相當於第一次按下按鍵，因此，我們給 KEY_NUM 數值 1，程式碼從 case1 程式開始執行，遇到一個 break; 程式後結束執行。

（3）測試

　　將程式碼輸入到 Arduino 的程式設計環境中，進行驗證編譯。驗證編譯成功後將程式碼上傳至 UNO 主機板（具體的操作方式參考 Blink 實驗的測試部分）。每按下一次按鍵，3 個 LED 就會切換一種燈光組合。掃描二維碼，查看實驗效果。

掃一掃

實驗效果

▌圖 11　實驗效果圖

4. 小結

　　按鍵實驗通過按鍵按下的次數控制程式碼執行 switch() 分支程式中的某個 case 程式，進而控制三盞 LED 的亮滅狀態。實驗程式碼的關鍵在於利用變數記錄按鍵是第幾次被按下，利用 switch() 去判斷變數的值符合哪個 case 程式，從而執行該分支程式。這樣就可以實現三盞 LED 的 8 種組合顯示效果。

掃一掃

本節程式碼

2.4 序列埠接收資料

1. 實驗目的

本節實驗將通過序列埠的方式實現資料的雙向傳輸。這是指利用 Arduino 序列埠窗，從電腦端發送一個數字給 UNO 主機板，數字在 UNO 主機板上加 1 後返回電腦，顯示在監看視窗，完成資料的傳輸。後續的專案中，經常需要通過序列埠資料傳輸觀察 UNO 主機板上程式運行的狀態。

2. 認識零組件

實驗零組件：UNO 主機板（一個）、USB 資料線（一條）。

3. 實驗內容

在實驗中，將輸入到序列埠監視器中的數字在 UNO 主機板加 1 後，再發送回序列埠監視器，實現電腦與 UNO 主機板之間資料的雙向傳輸。

（1）電路連接

如圖 1 所示，本實驗只需一塊 UNO 主機板即可。掃描二維碼，查看電路連接過程。

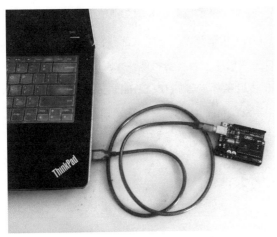

掃一掃

電路連接過程

▎圖 1　UNO 主機板與電腦相連

（2）程式碼編寫

```
// 定義部分
char  var = 0;                      // 定義用於儲存資料的變數
// 初始化部分
void setup()
{
  Serial.begin(9600);              // 序列埠初始化 設置序列埠的序列傳輸速率為 9600
}
// 主函式部分
void loop()
{
  if (Serial.available() > 0)      // 判斷是否有資料進入到 UNO 主機板
  {
    var = Serial.read();           // 讀取進入到 UNO 主機板的資料
    var=var+1;                     // 將讀取的輸入加 1
    Serial.println(var);           // 採用序列埠輸出的方式將資料輸出到電腦端
  }
}
```

　　定義部分定義了實驗需要的 char 型變數 var。其中 char 是變數的類型，簡稱字元型，它可以儲存單字元，且只能儲存一個位元組，也就是 8 個二進位位元。

　　初始化部分設置序列埠的通信速率，也稱鮑率。主函式部分首先利用 Serial. available() 函式判斷是否有資料傳輸到 UNO 主機板中。若有資料傳輸，Serial.available() 的返回值大於 0；若沒有，Serial.available() 的返回值小於等於 0。Serial.available() 的返回值大於 0，則利用 Serial.read() 函式讀取資料，Serial.read() 函式每次只能讀取一個字元資料。將讀取的資料加 1 後，再利用 Serial.write() 函式傳至電腦端輸出。

背景知識　序列傳輸速率決定序列埠通信兩端的資料傳輸速度。序列傳輸速率越高，傳送速度越快。一般字串資料的速率為 9600 就足夠了。注意兩端設備必須用相同序列傳輸速率。

（3）測試

　　將程式碼輸入 Arduino 的程式設計環境中進行編譯，編譯成功後將程式碼上傳至 UNO 主機板。點擊圖示，打開監看視窗。下拉清單選擇 9600 序列傳輸速率。在輸入框輸入數字 "4" ，按下 "Enter" 鍵或點擊 "send" 按鈕，將看到序列埠窗返回 "5" ，觀察監看視窗中返回的資料。掃描二維碼，查看實驗效果。

實驗效果

4. 小結

　　序列埠資料接收是指在電腦端發送一個資料，經過 UNO 主機板的處理再返回給電腦，這樣可以清晰地知道在程式運行過程中資料是否發生變化。因此，序列埠輸出資料的方式用於判斷資料是否發生變化，是偵錯工具運行情況的一種非常有用的方法。

本節程式碼

2.5 PWM 調光

1. 實驗目的

前兩個案例,展示了如何利用程式控制 LED 的閃爍和利用按鍵控制 LED 的亮滅。那麼 LED 燈光強弱的變化該如何實現呢?這就需要使用 PWM 信號。本實驗將嘗試使用可變電阻和 PWM 信號控制 LED 燈光的強弱。

2. 認識零組件

實驗零組件:可變電阻、LED、電阻、麵包板、UNO 主機板(各一個)、USB 資料線(一條)、跳線(若干)。

▌圖 1　可變電阻

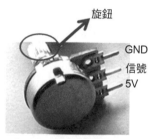

▌圖 2　可變電阻腳位圖

可變電阻是阻值可以變化的電阻元件。它有三個腳位,兩端的分別是 5V 腳位和 GND 腳位,中間的是信號腳位。使用時,旋轉可變電阻上的旋鈕,可變電阻的電阻值發生變化,中間腳位的輸出電壓也會發生變化。

3. 實驗內容

本實驗通過改變可變電阻阻值,進而改變輸出的 PWM 信號去控制 LED 燈光的強弱變化。在使用可變電阻控制 LED 燈光強弱之前,要先對 LED 和可變電阻進行測試,確保 LED 和可變電阻能夠正常使用。

實驗 1：測試 LED

LED 的測試請參考本章第二節 Blink 實驗完成。

實驗 2：測試可變電阻

旋轉可變電阻的旋鈕，可變電阻的輸出電壓就會發生變化，可變電阻的輸出值將在序列埠監視視窗顯示。

（1）電路連接

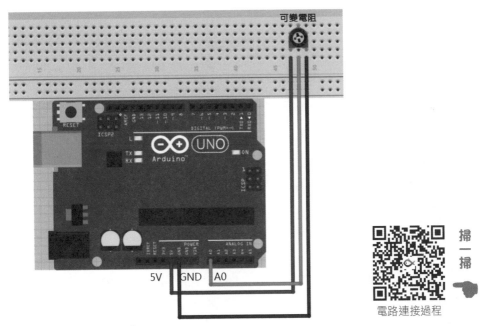

▌圖 3　電路接線圖

可變電阻左端的 5V 腳位接 UNO 主機板 5V 腳位；右端的 GND 腳位接 UNO 主機板的 GND 腳位；中間的信號腳位負責將可變電阻的電壓變化傳入 UNO 主機板。由於可變電阻傳入 UNO 主機板的是類比信號，因此接 UNO 主機板的 A0 腳位，如圖 3。掃描二維碼，查看電路的接線過程。

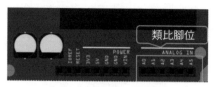

圖 4　類比腳位示意圖

如圖 4 所示，UNO 主機板上有 A0—A55 個類比腳位，它們負責類比信號的輸入。類比腳位數值的範圍是 0~1023。

（2）程式碼編寫

```
// 定義部分
#define Pot A0                 // 可變電阻腳位命名
int PotBuffer = 0;             // 定義 int 型變數 PotBuffer 用於儲存讀取的 A0 腳位值
// 初始化部分
void setup()
{
  Serial.begin(9600);         // Serial.begin() 對序列埠進行啟動用於序列埠輸出並
初始化序列埠序列傳輸速率為 9600
}
// 主函式部分
void loop()
{
  PotBuffer = analogRead(Pot);    //analogRead() 用於讀取 A0 腳位的類比信號值
  Serial.print("Pot = ");         // 序列埠輸出"Pot = " 並顯示在顯示視窗中
  Serial.println(PotBuffer);      // 序列埠輸出 PotBuffer 的值 Serial.
print() 將資料顯示在顯示視窗中 並換行
  delay(500);                     // 延時 500ms
}
```

定義部分將類比腳位命名為 Pot，並定義為 int 型變數，用於取得從 A0 腳位讀取的類比信號值。

初始化部分利用 Serial.begin() 函式對序列埠進行初始化，使序列埠通訊處於可用的狀態，能夠往監看視窗輸出類比信號值。此處設置的序列埠通訊的序列傳輸速率為預設值 9600。序列傳輸速率是控制 PC 與 Arduino 之間資料傳輸速率的指標。程式碼中設置的序列傳輸速率值要與 PC 端序列埠監視器設置的序列傳輸速率值相一致。PC 端序列埠監視器設置序列傳輸速率的步驟如下。

第一步：打開序列埠監視器

▌圖 5　序列埠監視器按鈕

第二步：在監看視窗的下方設置鮑率

▌圖 6　序列傳輸速率設置

主函式部分首先利用 analogRead() 函式讀取傳入 A0 腳位的類比信號值，並存入 PotBuffer 中。然後通過序列埠輸出函式 Serial.print（"Pot="); 在監看視窗輸出 "Pot="。利用 Serial.println(PotBuffer); 在監看視窗輸出 PotBuffer 的值，並換行。其中 Serial.print() 和 Serial. println() 均為序列埠輸出函式，其區別在於 Serial.println() 函式在輸出資料之後會自動換行。

（3）測試

　　將上述程式碼輸入到 IDE 中，用 USB 資料線將 UNO 主機板和
電腦相連。對程式碼進行驗證編譯。驗證編譯成功之後將程式碼
上傳至 UNO 主機板。點擊按鈕（此按鈕在圖 5 紅框標記處），
打開監視窗口。旋轉可變電阻旋鈕，可以看到監看視窗中輸出數
值的變化。掃描二維碼，查看實驗效果。

掃一掃

實驗效果

▌圖 7　實驗效果

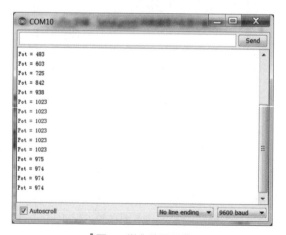

▌圖 8　變化的電阻值

實驗 3：可變電阻調節 LED 燈光

首先需要將可變電阻的輸出值範圍與 PWM 的信號範圍進行映射，這樣便可以通過改變可變電阻的輸出值來控制 PWM 信號值的變化，從而調節 LED 燈光的強弱。

（1）電路連接

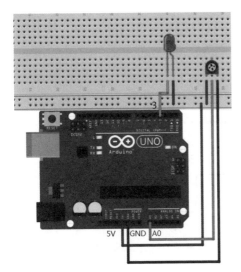

掃一掃

電路連接過程

▌圖 9　電路接線圖

實驗的電路接線圖如圖 9 所示，LED 的正極與電阻串聯後通過麵包板連接 UNO 主機板的 5V 腳位，負極連接 UNO 主機板的 3 號腳位。要通過 PWM 信號控制 LED 燈光的強弱，則 LED 的負極必須接在 UNO 主機板的 PWM 腳位。掃描二維碼，查看電路連接的過程。

在 UNO 主機板上有 6 個 PWM 腳位，如圖 10 所示的 3、5、6、9、10、11 六個腳位，腳位號前有 "~" 的標誌。

既是數位腳位又是 PWM 腳位

▌圖 10　PWM 腳位

PWM 是 Pulse Width Modulation（脈衝寬度調變）的縮寫。PWM 信號是一種方波信號，它實質上仍是數位的，因為在給定的任何時刻，滿幅值的直流供電只有完全有 (ON) 或完全無 (OFF) 兩種狀態。但通過改變高電位在一個週期內的比例（占空比），可以表示 0~255 範圍內的數值變化。

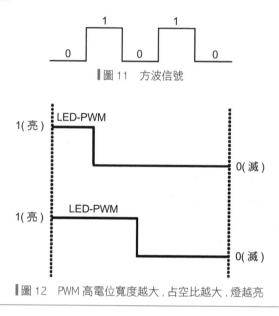

▌圖 11　方波信號

▌圖 12　PWM 高電位寬度越大, 占空比越大, 燈越亮

（2）程式碼編寫

```
// 定義部分
#define Pot A0
#define LED 3
int PotBuffer = 0;              // 定義 int 型變數 PotBuffer 儲存讀取的類比信號的值
// 初始化部分
void setup()
{
    pinMode(LED,OUTPUT);        // 初始化 LED 腳位為輸出模式
}
// 主函式部分
void loop()
{
```

```
PotBuffer = analogRead(Pot);          // 讀取 A0 腳位的數據
PotBuffer = map(PotBuffer, 0, 1023, 0, 255);      // 把類比信號範圍值 0~1023
// 縮放為虛擬電壓信號範圍值 0~255 並將 PotBuffer 在縮放範圍內進行映射
PotBuffer = map(PotBuffer, 0, 1023, 0, 255);
analogWrite(LED,PotBuffer);          //PWM 調光，輸出 PWM
}
```

定義部分定義了實驗用到的腳位和變數。其中 Pot 為類比腳位，LED 為 PWM 腳位。初始化部分對用到的 LED 進行初始化。

在主函式中，首先利用 analogRead() 函式讀取可變電阻的類比值，並將值存入 PotBuffer 中。通過 map(PotBuffer,0,1023,0,255)；程式，將類比信號的上下限映射到虛擬電壓信號的上下限，將 PotBuffer 的值在虛擬電壓信號的最大值 255 上進行縮放。

類比信號 0 ──────────── 1023

數位信號 0 ──────── 255

▍圖 13　值域映射示意圖

類比信號最小值 0 對應虛擬電壓信號的最小值 0，類比信號的最大值 1023 對應虛擬電壓信號的最大值 255。Map() 函式表示的功能可簡化為下式：

$$\frac{1023}{255} = \frac{PotBuffer}{X}$$

X 表示的是 map 函式將 PotBuffer 的值映射為虛擬電壓信號後的值。

程式碼將映射後的值存入 PotBuffer 中。最後，將 PotBuffer 的值寫入到 3 號腳位。旋轉可變電阻 PotBuffer 的值發生改變，使得寫入 3 號腳位的值發生變化，LED 燈光的強弱也隨之發生變化。PotBuffer 的值越大，燈光越強；PotBuffer 的值越小，燈光越弱。

（3）測試

　　將上述程式碼輸入到 Arduino 的程式設計環境中進行編譯。程式碼編譯成功後，將程式碼上傳至 UNO 主機板內。旋轉可變電阻的旋鈕，可以看到隨著可變電阻的旋轉，LED 的燈光強弱也在變化。掃描二維碼，查看實驗效果。

掃一掃

實驗效果

圖 14　實驗效果

4. 小結

　　PWM 調光實驗，主要是通過調節可變電阻來實現對 LED 燈光強弱的控制。其實質是通過改變類比信號輸入實現控制 PWM 信號的輸出。在實際應用中，均是通過 PWM 信號的變化進而達到控制馬達轉速、伺服馬達轉動角度等目的。

掃一掃

本節程式碼

2.6 四位數七段顯示器

1. 實驗目的

儘管用序列埠窗可以顯示從 Arduino 序列埠發送到電腦的資料，但多數情況下 Arduino 要脫離電腦獨立運行，例如數字體重計、溫度計等。七段顯示器則是一種常用的顯示數字的零組件。本節實驗將認識一位數七段顯示器和四位數七段顯示器，並嘗試利用它們顯示數字。

2. 認識零組件

實驗零組件：一位數七段顯示器、四位數七段顯示器、麵包板、UNO 主機板（各一個）、USB 資料線（一條）、電阻（若干）、跳線（若干）。

（1）一位七段顯示器

七段顯示器是一種半導體發光零組件，基本單位是發光二極體。一位數七段顯示器是指只能顯示一位數數字的七段顯示器。它的內部結構如圖 1 所示。

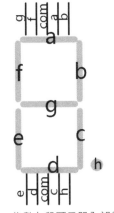

▌圖 1　一位數七段顯示器內部結構

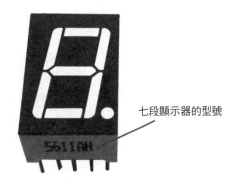

▌圖 2　一位數共陰七段顯示器

七段顯示器的型號

一位數七段顯示器共有 10 個腳位，其中兩個是 com 腳。一位數七段顯示器可分為共陽七段顯示器和共陰七段顯示器兩種。使用時，共陽七段顯示器的 com 腳接 5V 腳位，共陰七段顯示器的 com 腳接 GND 腳位。常用的一位數共陰七段顯示器的型號有 5161AH 和 5611AH。

以一位數七段顯示器為例，其 com 腳連接 UNO 主機板的 GND 腳位，剩餘的腳位連接 UNO 主機板的數位腳位。由於 com 腳接 GND，處於低電位，當 a 腳位接入高電位將會點亮七段顯示器的 a 段，同理能夠點亮七段顯示器的其他段。

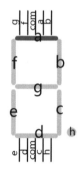 

▌圖 3　給 a 腳位高電位時七段顯示器的狀態　　　▌圖 4　給 b 腳位高電位時七段顯示器的狀態

若需要顯示數字 "1"，則要點亮七段顯示器中的 b 段和 c 段，這就需要給 b 和 c 腳位高電位；同理，若顯示數字 "0"，則要點亮七段顯示器中的 a、b、c、d、e、f 段，即給 a、b、c、d、e、f 腳位高電位。

掃描二維碼查看介紹一位數七段顯示器的視頻。

一位數七段顯示器的介紹

（2）四位數七段顯示器

四位數七段顯示器是能顯示四位數數字的七段顯示器。四位數七段顯示器也有共陽七段顯示器和共陰七段顯示器之分，使用方法與一位數七段顯示器相似。常見的共陽七段顯示器型號為 HS410561K-32，共陰七段顯示器型號為 HS420561K-32。

七段顯示器的型號

▌圖 5　四位七段顯示器

以四位數共陰七段顯示器為例，它利用四個 com 腳位和 a~h 腳位控制數字的顯示。這時 com1、com2、com3、com4 連接的不是 UNO 主機板的 GND 腳位，而是 UNO 主機板的數位腳位。

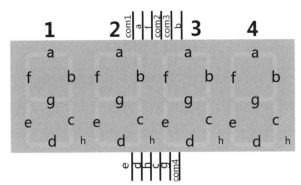

▌圖 6　四位七段顯示器內部結構圖

四位數七段顯示器是如何控制數字顯示的呢？下面以顯示 "1234" 為例，解釋四位數七段顯示器的工作原理。

四位數七段顯示器在顯示數字時每次只能顯示一位數數字。要顯示 "1234"，七段顯示器先在 1 號位置顯示 "1"，接著在 2 號位置顯示 "2"，如此類推。由於人眼具有視覺暫留效應，儘管 "1234" 中的各個位數先後單獨顯示，但由於間隔時間短，後一位數顯示時，前一位數餘暉仍停留在人眼中，我們看到四位數七段顯示器上顯示的數字就是 "1234"。

四位數七段顯示器上標有 a 的七段顯示器有 4 段，但只有 1 個 a 腳位。那麼四位數七段顯示器的腳位是如何控制七段顯示器中每段的顯示呢？以 1 號位置顯示數字 "1" 為例。首先接通 com1 腳位，給其低電位，再給 com2、com3 和 com4 腳位高電位。b、c 腳位給高電位，這樣使得 1 號位置的 com1 腳位和 b、c 腳位之間形成電壓差，bc 段被點亮，顯示數字 "1"。此時，2、3、4 號位置的 com2、com3 和 com4 腳位是高電位，b、c 段也都是高電位，這樣 com 腳位和 b、c 腳位之間沒有電壓差，2、3、4 號位置的 bc 段不會被點亮，並不顯示數字。顯示效果如圖所示。

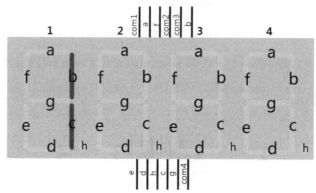

▌圖 7　顯示 "1" 時的四位數七段顯示器狀態

1 號位置顯示 "1" 之後，同理，2 號位置顯示數字 "2"，3 號位置顯示數字 "3"，4 號位置顯示數字 "4"。然後利用迴圈程式，讓七段顯示器不斷重複顯示資料，因為人眼的 "視覺暫留效應"，就會看到四位數七段顯示器顯示數字 "1234"。

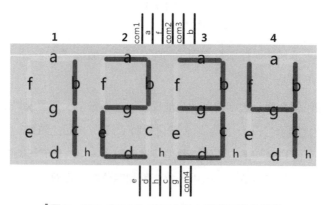

▌圖 8　顯示 "1234" 時四位數七段顯示器的狀態

掃描二維碼，查看四位數七段顯示器介紹的視頻。

四位數七段顯示器的介紹

3. 實驗內容

先使用一位數七段顯示器顯示數字，在瞭解如何控制一位數七段顯示器顯示數字的基礎上，嘗試使用四位數七段顯示器顯示數字。

實驗 1：一位數七段顯示器顯示數字

一位七段顯示器由 8 個發光二極體組成，本實驗將要顯示的數字對應的二極體電壓值儲存在二維陣列中，然後利用迴圈的方式，分別給 8 個二極體不同的電壓值，實現一位數七段顯示器上數字從 0~9 的變化。

（1）電路連接

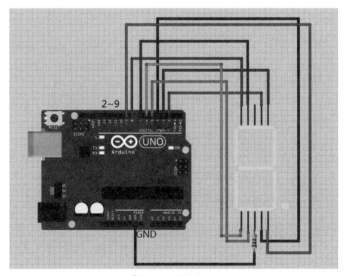

▌圖 9　電路接線圖

電路連接過程

　　如圖 9 所示，將一位七段顯示器和 UNO 主機板相連。由於實驗中使用的是共陰七段顯示器，所以七段顯示器的 com 腳位接 UNO 主機板的 GND 腳位，並連接電阻進行分壓，保護電路。七段顯示器上的剩餘腳位分別接 UNO 主機板的 2~9 號腳位。工作時，給 a~h 腳位不同的高低電位，點亮七段顯示器上 LED，從而顯示不同的數字。掃描二維碼，查看電路連接過程。

（2）程式碼編寫

```
// 定義部分
#define SEG_a 2
#define SEG_b 3
#define SEG_c 4
#define SEG_d 5
#define SEG_e 6
#define SEG_f 7
#define SEG_g 8
#define SEG_h 9                          // 定義 UNO 上用到的腳位
int table[10][8] =
{
  {0, 0,  1,  1,  1,  1,  1,  1},    // 顯示數字 0
  {0, 0,  0,  0,  0,  1,  1,  0},    // 顯示數字 1
  {0, 1,  0,  1,  1,  0,  1,  1},    // 顯示數字 2
  {0, 1,  0,  0,  1,  1,  1,  1},    // 顯示數字 3
  {0, 1,  1,  0,  0,  1,  1,  0},    // 顯示數字 4
  {0, 1,  1,  0,  1,  1,  0,  1},    // 顯示數字 5
  {0, 1,  1,  1,  1,  1,  0,  1},    // 顯示數字 6
  {0, 0,  0,  0,  0,  1,  1,  1},    // 顯示數字 7
  {0, 1,  1,  1,  1,  1,  1,  1},    // 顯示數字 8
  {0, 1,  1,  0,  1,  1,  1,  1},    // 顯示數字 9
};      // 可參考下文"編碼表"的講解
// 初始化部分
void setup()
{
```

```
  pinMode(SEG_a,OUTPUT);                    // 設置輸出腳位
  pinMode(SEG_b,OUTPUT);
  pinMode(SEG_c,OUTPUT);
  pinMode(SEG_d,OUTPUT);
  pinMode(SEG_e,OUTPUT);
  pinMode(SEG_f,OUTPUT);
  pinMode(SEG_g,OUTPUT);
  pinMode(SEG_h,OUTPUT);
}
// 主函式部分
void loop()
{
  int i;
  for( i = 0 ; i < 10 ; i++)               // 設置迴圈程式 七段顯示器上數字從 0 到 9 迴圈顯示
  {
    digitalWrite(SEG_a,table[i][7]);       // 設置 a 腳位的電位
    digitalWrite(SEG_b,table[i][6]);
    digitalWrite(SEG_c,table[i][5]);
    digitalWrite(SEG_d,table[i][4]);
    digitalWrite(SEG_e,table[i][3]);
    digitalWrite(SEG_f,table[i][2]);
    digitalWrite(SEG_g,table[i][1]);
    digitalWrite(SEG_h,table[i][0]);
    delay(1000);                           // 延遲 1s
  }
}
```

　　定義部分對七段顯示器上將使用的腳位進行定義，還定義了一個二維陣列 table[10][8] 用於儲存七段顯示器每個腳位的狀態，其中 "1" 代表高電位狀態，"0" 代表低電位狀態。

陣列是相同資料類型的元素按照一定順序排列的集合。當有一批資料要存放到記憶體中時，需要用到陣列。陣列可分為一維陣列（數軸上的資料）、二維陣列（平面上的資料）和多維陣列（空間中的資料）。

一維陣列的定義方式為：

類型陣列名稱 [常數]；

例如 :int a[5];

它表示定義了一個 int 型的陣列 a[5]，儲存的 5 個資料分別是 a[0]、a[1]、a[2]、a[3]、a[4]。陣列元素的下標從 0 開始計，下標表示了元素在陣列中的順序，當我們要使用陣列中的某個元素時，只需知道它的下標，就可以引用這個元素。陣列在電腦中是順序排列儲存的，可以用圖 10 表示。

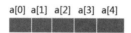

a[0] a[1] a[2] a[3] a[4]

▌圖 10　一維數陣列儲存示意圖

一個一維陣列定義完成後，便可以向其中儲存資料。如果向 a 陣列的第二元素儲存數字 "6"，可以寫成程式 "a[1]=6;"。

另一種進行資料儲存的方式是在定義陣列的時候就將資料儲存到陣列中。

例如：int a[5]={0,1,2,3,4};

這樣將數字 "0、1、2、3、4" 依次存放在陣列元素 a[0]~a[4] 中。這種數值方式需要注意的是，不能跳過前面的元素為後面的元素數值，但為陣列數值時，陣列的下標可以省略，因為電腦已經根據數值的個數為陣列開闢了儲存空間。例如：int a[ ]={0,1,2,3,4};

二維陣列的定義方式為：

類型 陣列名稱 [常數運算式 1][常數運算式 2]

二維陣列是用來儲存類型相同的資料的集合。

例如：int a[3][4]

這裡定義了一個儲存 int 資料的二維陣列 a，我們稱之為 3 列 4 行的陣列。可用這樣的表格來表示：

	a[0]	a[1]	a[2]	a[3]
a[0]	a[0][0]	a[0][1]	a[0][2]	a[0][3]
a[1]	a[1][0]	a[1][1]	a[1][2]	a[1][3]
a[2]	a[2][0]	a[2][1]	a[2][2]	a[2][3]

▌圖 11　二維陣列儲存示意圖

陣列中的每一個元素都相當於一個變數，對於陣列中的元素，我們在引用時只要標明陣列元素的下標即可。例如，若要在二維陣列 a 的第二個元素中儲存數字 2（這裡陣列元素按照列的方式儲存在電腦中），執行程式 "a[0][1]=2;" 可將數字 2 儲存在陣列 a 的第二個元素中。

當然，與一維陣列類似，二維陣列也可以在定義時為其數值。

例如：int a[3][4]={{0,1,2,3},{4,5,6,7}{8,9,10,11}};

這樣就定義了一個 3 列 4 行的陣列 a，它的裡面儲存了 0~11，共 12 個數字。定義陣列時，大括弧中還嵌入著 3 個大括弧，第一個大括弧中的數字對應二維陣列的第一列，第二個大括弧中的數字對應二維陣列的第二列，第三個大括弧中的數字對應二維陣列的第三列。具體儲存方式如下：

	a[0]	a[1]	a[2]	a[3]
a[0]	0	1	2	3
a[1]	4	5	6	7
a[2]	8	9	10	11

▌圖 12　int[3][4] 的儲存示意圖

　　在程式碼中，定義了一個 int 型的 10 列 8 行的二維陣列 table[10][8]。它的每一行列位置都存儲著一位數七段顯示器某一段的電位值，其中 1 代表高電位，0 代表低電位。

表1　二維陣列 table[10][8] 和七段顯示器對應顯示表

編碼表	0	1	2	3	4	5	6	7	七段顯示器的狀態
	h	g	f	e	d	c	b	a	
0	0	0	1	1	1	1	1	1	⊟
1	0	0	0	0	0	1	1	0	
2	0	1	0	1	1	0	1	1	2
3	0	1	0	0	1	1	1	1	3
4	0	1	1	0	0	1	1	0	4
5	0	1	1	0	1	1	0	1	5
6	0	1	1	1	1	1	0	1	6
7	0	0	0	0	0	1	1	1	
8	0	1	1	1	1	1	1	1	8
9	0	1	1	0	1	1	1	1	9

　　初始化部分，對用到的所有腳位進行初始化。主函式部分利用 for() 迴圈程式分別給 a~f 腳位寫入高低電位。

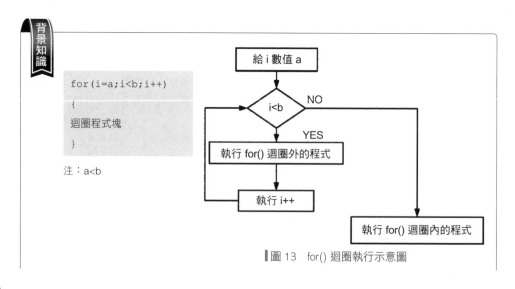

圖13　for() 迴圈執行示意圖

如圖 13 所示，根據 for 迴圈的執行順序來解釋 for 迴圈。For 迴圈在執行時，先執行 for 後小括弧中的 "i=a 和 i<b" 兩個部分，即給 i 賦一個初值 a，然後判斷 i 的值與迴圈結束量 b 的關係。如果 i<b，就執行迴圈程式塊；如果 i>=b, 將 不執行迴圈程式塊，直接跳出 for 迴圈。

只要 i 的值滿足 for 後小括弧內的 i<b 這一條件，則程式執行迴圈程式塊。迴圈程式塊執行完畢後，返回 for 後的小括弧中，執行 "i++"，使 i 的值加 1。然後，再次執行判斷 i 與 b 的關係，如果滿足 "i<b"，就執行迴圈程式塊中的內容，執行完畢則返回 for 後的小括弧中……（即圖中黑色虛線部分），程式碼如此重覆執行，直至 i>=b，不再滿足迴圈執行的條件，程式碼跳出 for() 迴圈。

在本程式碼中，i=0 時，for 迴圈的迴圈部分執行的內容為：

```
digitalWrite(SEG_a,table[0][7]);
digitalWrite(SEG_b,table[0][6]);
digitalWrite(SEG_c,table[0][5]);
digitalWrite(SEG_d,table[0][4]);
digitalWrite(SEG_e,table[0][3]);
digitalWrite(SEG_f,table[0][2]);
digitalWrite(SEG_g,table[0][1]);
digitalWrite(SEG_h,table[0][0]);
delay(1000);
```

由於數值 "1" 代表高電位，"0" 代表低電位。所以，上述程式碼相當於下列形式。

```
digitalWrite(SEG_a,HIGH);
digitalWrite(SEG_b,HIGH);
digitalWrite(SEG_c,HIGH);
digitalWrite(SEG_d,HIGH);
digitalWrite(SEG_e,HIGH);
digitalWrite(SEG_f,HIGH);
digitalWrite(SEG_g,LOW);
digitalWrite(SEG_h,LOW);
delay(1000);
```

這時 a、b、c、d、e、f 段點亮，g 段熄滅，七段顯示器上顯示的數字為 "0"。for 迴圈依次繼續執行，i 分別為 1、2、3、4、5、6、7、8 時對應的陣列行，顯示後續數字。

（3）測試

將程式碼輸入 Arduino 的程式設計環境中進行編譯，編譯成功後將程式碼上傳至 UNO
主機板。一位數七段顯示器上的數字將會從 "0" 跳到 "9"。掃描二維碼，查看實驗效果。

掃一掃

實驗效果

▌圖 14　實驗效果圖

實驗 2：四位數七段顯示器顯示數字

四位數七段顯示器可以看做是由 4 個一位數七段顯示器組成，在使用時，通過 Switch
函式依次調用不同的 com 腳位顯示數字。利用人眼的視覺暫留效應，呈現同時顯示 4 個
數字的效果。

（1）電路連接

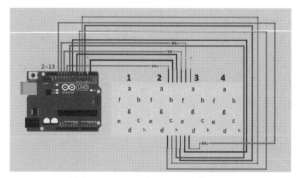

掃一掃

電路連接過程

▌圖 15　四位數七段顯示器接線圖

　　根據圖 15 進行電路連接。其中 com 腳位和剩餘的腳位都與 UNO 主機板的數位腳位相連。四位數七段顯示器工作時，com1 腳位結合 a、b、c、d、e、f、g、h 腳位共同控制 1 號七段顯示器。同理，com2 腳位控制 2 號七段顯示器；com3 腳位控制 3 號七段顯示器；com4 腳位控制 4 號七段顯示器。掃描二維碼，查看電路連接過程。

（2）程式碼編寫

```
// 定義部分
#define SEG_A 2
#define SEG_B 3
#define SEG_C 4
#define SEG_D 5
#define SEG_E 6
#define SEG_F 7
#define SEG_G 8
#define SEG_H 9
#define COM1 10
#define COM2 11
#define COM3 12
#define COM4 13


int table[10][8] =
{
    {0,  0,  1,  1,  1,  1,  1,  1},    // 顯示數字 0
    {0,  0,  0,  0,  0,  1,  1,  0},    // 顯示數字 1
    {0,  1,  0,  1,  1,  0,  1,  1},    // 顯示數字 2
    {0,  1,  0,  0,  1,  1,  1,  1},    // 顯示數字 3
    {0,  1,  1,  0,  0,  1,  1,  0},    // 顯示數字 4
    {0,  1,  1,  0,  1,  1,  0,  1},    // 顯示數字 5
    {0,  1,  1,  1,  1,  1,  0,  1},    // 顯示數字 6
    {0,  0,  0,  0,  0,  1,  1,  1},    // 顯示數字 7
    {0,  1,  1,  1,  1,  1,  1,  1},    // 顯示數字 8
```

```
    {0,  1,  1,  0,  1,  1,  1,  1}          // 顯示數字 9
};
// 初始化部分
void setup()
{
    pinMode(SEG_A,OUTPUT);              // 設置為輸出腳位
    pinMode(SEG_B,OUTPUT);
    pinMode(SEG_C,OUTPUT);
    pinMode(SEG_D,OUTPUT);
    pinMode(SEG_E,OUTPUT);
    pinMode(SEG_F,OUTPUT);
    pinMode(SEG_G,OUTPUT);
    pinMode(SEG_H,OUTPUT);
    pinMode(COM1,OUTPUT);
    pinMode(COM2,OUTPUT);
    pinMode(COM3,OUTPUT);
    pinMode(COM4,OUTPUT);
}
// 主函式部分
void loop()
{
      Display(1,1);  // 第 1 位數顯示 1
      delay(3);
      Display(2,2);  // 第 2 位數顯示 2
      delay(3);
      Display(3,3);  // 第 3 位數顯示 3
      delay(3);
      Display(4,4);  // 第 4 位數顯示 4
      delay(3);
}
// 自訂函式 Display()
void Display(int com,int num)// 顯示函式，com 可選數值 1~4，num 可選數值 0~9
{
```

```
digitalWrite(SEG_A,LOW);
digitalWrite(SEG_B,LOW);
digitalWrite(SEG_C,LOW);
digitalWrite(SEG_D,LOW);
digitalWrite(SEG_E,LOW);
digitalWrite(SEG_F,LOW);
digitalWrite(SEG_G,LOW);
digitalWrite(SEG_H,LOW);          // 給每個腳位寫入低電位，去除暫留訊息
switch(com)                        // 選擇控制第幾個七段顯示器
{
        case 1:
                digitalWrite(COM1,LOW);     // 選擇位 1
                digitalWrite(COM2,HIGH);
                digitalWrite(COM3,HIGH);
                digitalWrite(COM4,HIGH);
                break;
        case 2:
                digitalWrite(COM1,HIGH);
                digitalWrite(COM2,LOW);     // 選擇位 2
                digitalWrite(COM3,HIGH);
                digitalWrite(COM4,HIGH);
                break;
        case 3:
                digitalWrite(COM1,HIGH);
                digitalWrite(COM2,HIGH);
                digitalWrite(COM3,LOW);     // 選擇位 3
                digitalWrite(COM4,HIGH);
                break;
        case 4:
                digitalWrite(COM1,HIGH);
                digitalWrite(COM2,HIGH);
                digitalWrite(COM3,HIGH);
                digitalWrite(COM4,LOW);     // 選擇位 4
                break;
```

```
        default:break;
    }
    digitalWrite(SEG_A,table[num][7]);              //a 查詢編碼表
    digitalWrite(SEG_B,table[num][6]);
    digitalWrite(SEG_C,table[num][5]);
    digitalWrite(SEG_D,table[num][4]);
    digitalWrite(SEG_E,table[num][3]);
    digitalWrite(SEG_F,table[num][2]);
    digitalWrite(SEG_G,table[num][1]);
    digitalWrite(SEG_H,table[num][0]);
}
```

　　loop 中運用了 4 次 Display 函式，每次的數值不同。當程式執行到 Display（1,1）時，會將資料複製給 void Display（int com, int num）的參數，並執行其中的程式碼。當 Display 中的程式碼執行完畢後，程式返回到 Display（1,1）接著執行後續程式碼。同理執行其他參數。

　　Display() 函式封裝了具體如何顯示數字的程式碼，這樣 loop 中只要運用 Display 即可，使得程式更簡潔。括弧中的 com 和 num 稱作形式參數，用於接收實際資料。形式參數前面的資料類型為 int，規定了可以接收整數型參數。

　　在 void Display(int com,int num) 函式內，為了消除每段 LED 顯示後留下的暫留資訊，首先利用 digitalWrite() 函式為四位數七段顯示器的每段 LED 對應的腳位寫入低電位。然後，程式碼根據從函式名 Display(1,1) 中傳遞的 com 值執行 switch 分支程式。

　　由於這裡傳遞進的 com 值為 1，因此執行 case 1 程式後的內容，給 com1 腳位低電位，選擇 com1 腳位；給 com2、com3、com4 腳位高電位，使它們處於非選擇狀態。最後根據 digitalWrite() 程式分別為 com1 腳位控制的 1 號七段顯示器的每段 LED 寫入高低電位，使得 1 號七段顯示器顯示數字 "1"。這樣執行完畢後，程式碼將返回至主函式 loop() 中執行 delay(3) 程式。接著依次執行 Display(2,2)、Display(3,3)、Display(4,4)。四個函式執行完畢後，在四位數七段顯示器上將顯示數字 "1234"。

（3）測試

測試 A

　　為了方便理解四位數七段顯示器中四個數字的顯示，可以分別註釋掉部分程式碼。註釋後 loop() 的程式碼為：

```
void loop()
{
    Display(1,1);              // 第 1 位數顯示 1
    delay(3);
    //Display(2,2);            // 第 2 位數顯示 2
    //delay(3);
    //Display(3,3);            // 第 3 位數顯示 3
    //delay(3);
    //Display(4,4);            // 第 4 位數顯示 4
    //delay(3);
}
```

　　將註釋後的程式碼上傳到 UNO 主機板中，查看七段顯示器上顯示的數字。掃描二維碼，查看測試效果。

實驗效果

‖圖 16　顯示 "1" 的實驗效果圖

　　觀察發現，此時只顯示四位數七段顯示器中 1 號七段顯示器的數字。說明 com1 控制七段顯示器左起第一位，且每次只顯示一位數數字。

這樣可以依次註釋掉對應的各部分程式碼，單獨顯示 2、3、4 三個數字。觀察四位數七段顯示器上顯示的數字。掃描二維碼，查看測試效果。

掃一掃

實驗效果

▌圖 17　顯示 "2" 的實驗效果圖

▌圖 18　顯示 "3" 的實驗效果圖

▌圖 19　顯示 "4" 的實驗效果圖

測試 B

將實驗 2 的程式碼輸入到 Arduino 的程式設計環境中進行編譯，編譯成功後，將程式碼上傳至 UNO 主機板，觀察七段顯示器上顯示的數字。掃描二維碼，查看測試效果。

掃一掃

實驗效果

▌圖 20　顯示 "1234" 的實驗效果圖

4. 小結

四位數七段顯示器的實驗是通過 com 腳位和訊號腳位的電位來控制數字的顯示。七段顯示器在實際應用中主要用於顯示輸出數字，例如電子溫度計需要即時顯示溫度。利用七段顯示器還可以製作更多有趣的小專案如倒數計時器、累加器等。

但七段顯示器最多只能顯示 4 位數數字，而且不能顯示英文字元，局限性較大。在後續的實驗中，將使用一種名為 LCD 的液晶顯示器，它更適合顯示含字母、數字和符號的內容。

掃一掃

本節程式碼

2.7　步進馬達

1. 實驗目的

　　步進馬達是一種可以精確控制轉動圈數的馬達，經常被用於製作雲台、有精度要求的機器人履帶車等專案。在本節，將學習如何控制步進馬達精確的旋轉角度。

2. 認識零組件

　　實驗零組件：步進馬達、ULN2003 步進馬達驅動板、UNO 主機板（各一個）、USB 資料線（一條）、杜邦線（若干）。

（1）步進馬達

　　步進馬達實物如圖 1 所示，這是一個四相位五腳位的步進馬達。它的直徑為 28mm，額定電壓為 5V，有 5 個腳位，其中一個是步進馬達的 VCC 腳位，其餘的 4 個用於控制步進馬達的相位。

▌圖 1　步進馬達實物圖

　　那麼 "相位" 是什麼呢？請掃描二維碼，尋找答案。

相位

步進馬達工作時,將電脈衝信號轉變為角位移或線位移,它以固定的角度(稱為步進角度)一步一步旋轉運行,其最大的特點是沒有積累誤差。在非超載的情況下,馬達的轉速、停止的位置只取決於脈衝信號的頻率和脈衝數,不受負載變化的影響。步進馬達的步進角為 5.635°,旋轉一周,需要 64 個脈衝完成。

注意:由於步進馬達受驅動板和內部減速齒輪的影響,實際步進角度很可能不是 5.635°,所以使用前,必須測量所使用的馬達轉一圈實際需要的步數。

(2) ULN2003 步進馬達驅動板

▌圖 2　ULN2003 步進馬達驅動板

ULN2003 步進馬達驅動板實物如圖 2 所示,共有 6 個腳位,用於驅動步進馬達的旋轉。

3. 實驗內容

本節實驗將利用兩種方法驅動步進馬達旋轉,第一種方法是改變步進馬達的相位來驅動旋轉;第二種方法是利用 Stepper 函式程式庫中的 setSpeed() 和 step() 函式,讓步進馬達旋轉設定的角度。第一種方法有助於瞭解步進馬達的工作原理,第二種方法是在實際專案中常常使用的方法。

實驗 1：步進馬達旋轉

通過程式設置步進馬達不同腳位的電位值，並依次執行相關相位的函式，使得步進馬達按照預設的方式轉動。

（1）電路連接

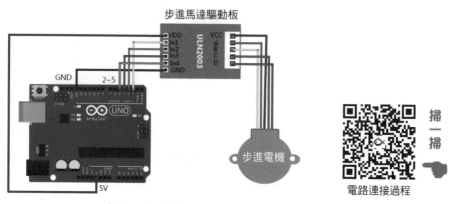

圖3　電路接線圖

將步進馬達驅動的 BJ1~BJ4 腳位與 UNO 主機板的 2~5 號腳位連接，用於從 UNO 主機板讀取信號，驅動步進馬達，改變步進馬達的相位。其中步進馬達驅動板起到了反轉電位的作用。掃描二維碼，查看電路連接過程。

（2）程式碼編寫

步進馬達驅動板上的 BJ1~BJ4 分別對應相位 A~D。當 UNO 主機板給 BJ1~BJ4 的信號為 HIGH、LOW、LOW、LOW，步進馬達端 A~D（A~D 代表四個相位）接收到的電位信號為 LOW、HIGH、HIGH、HIGH。由於 A 相位是低電位，其餘相位為高電位，於是步進馬達將向 A 相位方向旋轉。利用這一原理分別依次給 BJ1~BJ4 高電位，驅動馬達向 A~D 相位旋轉，使得步進馬達連續不斷地朝一個方向旋轉。

```
// 定義部分
#define BJ1 2                // 腳位命名
#define BJ2 3
#define BJ3 4
#define BJ4 5
// 初始化部分
void setup()
{
  pinMode(BJ1,OUTPUT);       // 設置腳位為輸出腳位
  pinMode(BJ2,OUTPUT);
  pinMode(BJ3,OUTPUT);
  pinMode(BJ4,OUTPUT);
}
// 主函式部分
void loop()
{
  Phase_A();                 // 設置 A 相位
  delay(10);                 // 改變延時可改變旋轉速度
  Phase_B();                 // 設置 B 相位
  delay(10);
  Phase_C();                 // 設置 C 相位
  delay(10);
  Phase_D();                 // 設置 D 相位
  delay(10);
}
// 自訂函數 Phase_A()
void Phase_A()
{
  digitalWrite(BJ1,HIGH);    //A1 腳位高電位
  digitalWrite(BJ2,LOW);
  digitalWrite(BJ3,LOW);
  digitalWrite(BJ4,LOW);
}
// 自訂函數 Phase_B()
```

```
void Phase_B()
{
  digitalWrite(BJ1,LOW);
  digitalWrite(BJ2,HIGH);          //B1 腳位高電位
  digitalWrite(BJ3,LOW);
  digitalWrite(BJ4,LOW);
}
// 自訂函數 Phase_C()
void Phase_C()
{
  digitalWrite(BJ1,LOW);
  digitalWrite(BJ2,LOW);
  digitalWrite(BJ3,HIGH);          //C1 腳位高電位
  digitalWrite(BJ4,LOW);
}
// 自訂函數 Phase_D()
void Phase_D()
{
  digitalWrite(BJ1,LOW);
  digitalWrite(BJ2,LOW);
  digitalWrite(BJ3,LOW);
  digitalWrite(BJ4,HIGH);          //D1 腳位高電位
}
```

　　主函式部分，程式運用自訂函式 Phase_A()、Phase_B()、Phase_C() 和 Phase_D() 對 A~D 的相位進行設置，從而驅動馬達的轉動。

　　以函式 Phase_A() 為例。執行主函式 loop() 時，首先運用 Phase() 函式。當函式 Phase_A() 給 BJ1~BJ4 設置的電位信號是 HIGH、LOW、LOW、LOW 時，相位 A~D 得到的信號為 LOW、HIGH、HIGH、HIGH，這樣步進馬達向 A 相位旋轉。執行完 Phase_A 函式後，利用 delay(10); 程式，延遲 10 毫秒，延遲的時間越長，步進馬達轉動的速度越慢。同理，主函式依次執行 Phase_A()、Phase_B()、Phase_C()、Phase_D() 四個函式。由於主函式是 loop() 函式，函式的內容會無限次迴圈，因此，步進馬達不停地轉動。

（3）測試

為了使步進馬達的轉動現象看起來更明顯，可以在其旋轉軸上粘貼一個紙條，以便於觀察。將程式碼輸入 Arduino 的程式設計環境中進行編譯，編譯成功後將程式碼上傳至 UNO 主機板。程式碼執行時，便可以看到步進馬達上的紙條不斷地旋轉。掃描二維碼，查看實驗效果。

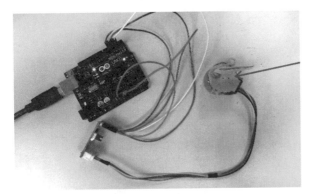

掃一掃

實驗結果

▎圖 4　實驗效果圖

實驗 2：步進馬達轉動設定的角度

通過運用 Stepper 函式庫，利用 setSpeed() 和 step() 函式設定步進馬達轉動的速度和步數，以此使步進馬達轉動設定的角度。

注意：由於步進馬達受驅動板和內部減速齒輪的影響，實際步進角度已經不是 $5.635°$，經過實際測量得出此馬達轉動一周需要走 2025 步，推算步進角度約為 $0.17778°$（$360°$ / 2025）。

（1）電路連接

與實驗 1 相同。

（2）程式碼編寫

```
// 定義部分
#include <Stepper.h>              // 運用 Stepper 函式程式庫
#define BJ1 2                     // 腳位命名
#define BJ2 3
#define BJ3 4
#define BJ4 5
#define STEPS 100
Stepper mystepper(STEPS, BJ1, BJ2, BJ3, BJ4);      // 創建一個 Stepper 類的物件
// 初始化部分
void setup()
{
  pinMode(BJ1,OUTPUT);            // 設置腳位為輸出腳位
  pinMode(BJ2,OUTPUT);
  pinMode(BJ3,OUTPUT);
  pinMode(BJ4,OUTPUT);
  mystepper.setSpeed(30);         // 設置電機的轉速為 30 轉 revolution 每分鐘 這裡只是設
置旋轉的速度
}
// 主函式部分
void loop()
{
  mystepper.step(500);     // 設定馬達旋轉 500 步
  delay(1000);             // 延遲 1s
}
```

在程式碼的開頭，運用了 Stepper.h 函式庫。什麼是函式庫？在程式設計的過程中，常常會用到不同的函式，各種函式在一起，使得程式碼比較長。程式設計人員將同類別的函式放在一個資料夾中，稱函式庫。該資料夾的名稱就是函式庫的名稱。使用函式庫時，需要在程式碼的第一行利用 #include< 函式庫名稱 > 的方式進行運用。常使用的函式 pinMode() 等是封裝在 Arduino.h 函式庫中的，使用時編譯器會自動載入，可以省略不寫。

定義部分對用到的腳位進行定義，並定義常數 STEPS。常數的定義與腳位的定義方式相似。

#define 常數名常數

定義中的 "#define STEPS 100"，表示此程式碼中凡出現 STEPS 均用 100 替代。

步進馬達利用脈衝來控制馬達的旋轉，每給步進馬達一個脈衝，它會相應旋轉一定的角度，這個角度稱之為脈衝角。

由於函式是利用 C++ 語言編寫，C++ 語言是物件導向的語言，因此需要創建一個關於步進馬達的物件。這裡創建的物件是 mystepper，創建的對象共有五個參數。

mystepper(steps,pin1,pin2,pin3,pin4)

steps: 指步進馬達轉動一周需要的步數。這裡 Steps 的值為 100，代表步進馬達每轉一圈需要走 100 步（此處不考慮減速齒輪的減速比和驅動板對馬達的影響）。

pin1~pin4：是步進馬達四個與 UNO 主機板相連接的腳位編號。這裡選用 UNO 主機板上的 2、3、4、5 腳位。

初始化部分對用到的腳位進行初始化，並利用 setSpeed() 函式設定步進馬達轉動的速度為每分鐘 30 轉。需要注意的是 setSpeed() 函式只設置轉速，不控制步進馬達旋轉。

主函式部分利用 mystepper.step() 設定馬達轉動指定的步數，它的速度取決於最近調用的 setSpeed() 函式中設定的速度。設定馬達轉動 500 步，根據計算，馬達將轉動約 90°（0.177778*500）。

（3）測試

將程式碼輸入 Arduino 的程式設計環境中進行編譯，編譯成功後將程式碼上傳至 UNO 主機板。觀察步進馬達連續轉動的角度與設定的角度是否相同。掃描二維碼，查看實驗效果。

掃一掃

實驗結果

實驗 3：測試步進馬達的實際步進角度

由於步進馬達受驅動板和內部減速齒輪的影響，步進角度很可能會發生變化。步驟 2 中，直接使用了經過實際測量得出的馬達步進角度（約 0.18°）。這個值是如何測量得到的呢？下面簡單介紹一下測量的方法。測量方法並不唯一，你可以自主探索別的測量方法。

（1）電路連接

與實驗 2 相同。

（2）程式碼編寫

與實驗 2 相同。

（3）測試

第一步：在步進馬達的紙條正下方，用鉛筆在步進馬達上標注一個點。

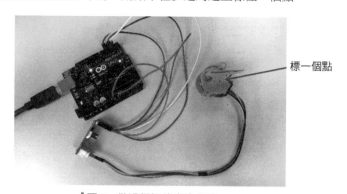

標一個點

▌圖 5　做過標記的步進馬達

第二步：給 mystepper.step() 函式一個較小參數，使電機旋轉，如 mystepper. step(20)，馬達轉動很小的角度。再給 mystepper.step() 一個較大的參數，如 mystepper.step(200)，馬達轉動的角度還是很小。將參數換成 mystepper.step(3000)，馬達轉動超過了一圈，但不多。隨後，慢慢減小參數，調整到最合適的一個數值。最後確定步數為 2025，那麼它的實際步進角度就是 360° / 2025 = 0.18°。

根據實驗結果，可以直接從 1800 開始給 mystepper.step() 函式參數值，儘管所使用的驅動板型號和步進馬達型號可能不同，但是實際步進角度的差距不大。

掃描二維碼，查看實驗效果。

實驗結果

4. 小結

本節中，通過三個實驗的學習操練，掌握了步進馬達的工作原理。步進馬達區別於普通馬達的地方在於它的旋轉速度不快，但旋轉的角度可以設定。

本節程式碼

2.8 液晶 LCD 顯示文字

1. 實驗目的

如前所述，七段顯示器不能顯示英文字元和符號。液晶顯示幕不僅能很好地顯示數字，也能顯示英文字元和符號，用途相較於七段顯示器更廣。本節實驗中，將嘗試使用液晶顯示面板顯示當前環境的溫度。

2. 認識零組件

實驗零組件：液晶 LCD、LM35 溫度感測器、麵包板、UNO 主機板（各一個）、USB 資料線（一條）、電阻、跳線（若干）。

（1）液晶 LCD

▌圖 1　液晶 LCD 實物圖

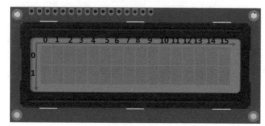

▌圖 2　液晶 LCD 示意圖

　　液晶 LCD 的實物圖如圖 1 所示，它是一種平面顯示器，可以顯示 ASCII 碼 2 列 *16 個英文字母，還能顯示數字和標點符號，但不能顯示中文。如圖 2 所示，它的每一個小 格都能顯示一個字元。

（2）LM35 溫度感測器

　　如圖 3 所示，LM35 溫度感測器共有三個腳位，兩端的腳位分別是 5V 腳位和 GND 腳位，中間的是信號腳位。它能感受外界環境溫度的變化，當環境溫度發生改變，LM35 溫度感測器的輸出值也會發生變化。LM35 的輸出值轉化為電壓後與溫度成線性關係，表現為溫度每升高一度，電壓升高 10mV。

▌圖 3　LM35 溫度感測器

3. 實驗內容

本實驗將利用 LM35 溫度感測器兩端的電壓值與溫度之間的線性關係,計算出當前 環境的溫度值,並用液晶 LCD 顯示。

實驗 1:序列埠監視器顯示溫度值

由於 LM35 溫度感測器兩端的電壓值與溫度之間存在線性關係,根據這種關係,可以計算出當前環境的溫度值,將溫度值在序列埠監視器中顯示。

(1)電路連接

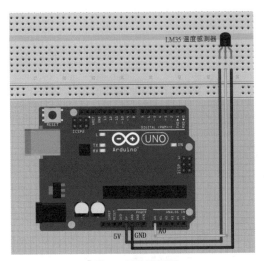

掃一掃

電路連接過程

圖 4　電路接線圖

如圖 4 所示,將 LM35 溫度感測器接入電路中。在連接時應注意,將 "LM35" 標誌的一面正向放置,左端的腳位接 UNO 主機板的 5V 腳位,右端的腳位接 UNO 主機板的 GND 腳位,中間的腳位接 UNO 主機板的 A0 類比腳位,用於 LM35 和 UNO 主機板之間信號的傳遞。掃描二維碼,查看電路連接過程。工作時,環境溫度發生變化,LM35 溫度感測器兩端的電壓值也會發生變化,根據電壓值與溫度值之間的關係,可以計算出當前環境的溫度值。

（2）程式碼編寫

```
// 定義部分
#define LM35 A0
int val = 0;                              // 存放讀取的 LM35 溫度感測器的值
float temp = 0;                           // 溫度值
// 初始化部分
void setup()
{
  pinMode(A0,INPUT);
  Serial.begin(9600);
}
// 主函式部分
void loop()
{
  val = analogRead(LM35);                 // 讀取 LM35 溫度感測器的值
  temp = val * 0.48876;                   // 計算溫度值
  Serial.print("LM35 = ");
  Serial.println(temp);                   // 序列埠輸出溫度值
  delay(1000);
}
```

定義部分對用到的類比腳位 A0 進行定義，並定義了需要使用的變數 val 和 temp，其中 val 用於存放 A0 類比腳位的值，temp 用於儲存經過計算得到的溫度值。

初始化部分對用到的腳位和序列埠進行初始化。

主函式中，先採用 analogRead() 函式讀取 A0 類比腳位的數值。環境溫度值 temp=0.48876*val，單位為℃。程式計算出溫度值後，利用序列埠通訊的方式將溫度值輸出在監看視窗。

temp=0.48876*val 這一程式碼中，0.48876 是怎麼計算出來的呢？

根據 A0 腳位讀取的類比值和電壓之間的關係可以得到下式：

$$\frac{5}{x} = \frac{2^{10}-1}{val}$$

其中 5 是為電路供電的電壓，x 是溫度感測器兩端的電壓值，（$2^{10}-1$）即 2013 是類比信號量最大值，val 是 analogRead() 讀取到的 A0 腳位的類比值。經過算式計算，可以得到下式：

x=(5*val*1000)/1023

=4.8876*val

其中乘以 1000 將單位轉換為 mV。

由於 LM35 溫感器兩端的電壓值與環境溫度之間是線性關係，環境溫度為 0℃時，LM35 溫度感測器兩端的電壓值為 0mV。環境溫度每升高 1℃，LM35 溫度感測器兩端的電壓將升高 10mV。因此，環境溫度值 temp 為

temp=0.48876*val，單位為℃

（3）測試

　　將程式碼輸入 Arduino 的程式設計環境中進行編譯，編譯成功後將程式碼上傳至 UNO 主機板。打開監看視窗，可以看到當前環境溫度值。當用手輕輕按住 LM35 溫度感測器時，發現溫度值發生了改變。掃描二維碼，查看實驗效果。

掃一掃

實驗結果

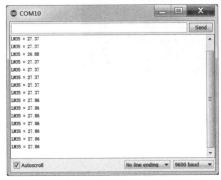

▌圖 5　實驗效果 1

▌圖 6　實驗效果 2

實驗 2：液晶 LCD 顯示溫度

表示溫度時，不僅需要數值，還需要帶上表示溫度的符號 "℃"。下面將使用 1602 液晶 LCD 輸出帶有溫度符號℃的當前溫度值。

（1）電路連接

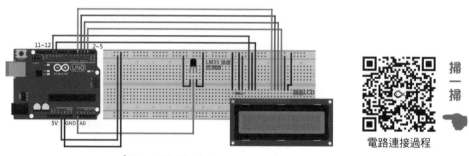

▌圖 7　電路接線圖

如圖 7 所示，將液晶 LCD、LM35 和 UNO 主機板進行連接。掃描二維碼，查看電路連接過程。液晶 LCD 是至今學習過的腳位最多的零組件，這裡僅對本次實驗用到的、影響液晶顯示資料的腳位進行介紹，如圖 8 所示。

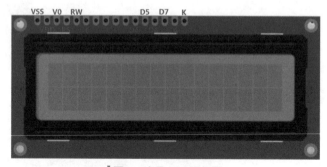

▌圖 8　液晶 LCD 腳位圖

LM35 溫度感測器將環境溫度的變化值通過 A0 類比腳位傳遞給 UNO 主機板。UNO 主機板對信號進行處理，通過液晶 LCD 輸出溫度值。

- **VSS**: 接地腳位。

- **VDD**: 接 5V 腳位，為液晶 LCD 供電。

- **VO**: 控制液晶的對比度，連接不同的電阻，液晶顯示出來字的對比度就不同。

- **RS**: 資料 / 指令的選擇。表示 UNO 主機板是向液晶 LCD 顯示器輸出資料還是指令。
  其中 RS 接高電位表示傳輸資料，接低電位表示傳輸指令。

- **RW**: 讀 / 寫。RW 接高電位表示從液晶 LCD "讀數據"，接低電位表示向液晶
  LCD "寫資料"。

- **E**:E 是 Enable 的縮寫，表示致能。接高電位表示啟動液晶 LCD，允許 UNO 主機板向
  液晶 LCD 內寫資料。

- **D4~D7**: 用於接收 UNO 向液晶 LCD 傳輸的資料信號，將信號轉換成資料在顯示幕 上
  顯示。

- **A 和 K**: 是 LCD 背光的電 源，其中 A 接 UNO 主機板的 5V 腳位，K 接 UNO 主機板的
  GND 腳位。這樣，即使在夜間也能看清液晶 LCD 上的數據。

實驗中，LM35 溫度感測器將環境溫度的變化值通過 A0 類比腳位傳遞給 UNO 主機板，
UNO 主機板對信號進行處理，再通過液晶 LCD 的腳位將資料或者指令輸出到液晶 LCD
上。

（2）程式碼編寫

儘管 LCD 的腳位很多，但採用 LiquidCrystal 函式庫呼叫它的顯示功能卻很簡單。

```
// 定義部分
#include <LiquidCrystal.h>
#define LM35 A0
// 構造一個 LiquidCrystal 的物件 lcd 使用數位 IO,12,11,5,4,3,2);
LiquidCrystal lcd(12,11,5,4,3,2);
int val = 0;                    // 存放 AD 變數值
float temp = 0;                 // 存放溫度值的 10 倍
// 初始化部分
void setup()
{
  lcd.begin(16,2);              // 初始化 LCD1602
```

```
  lcd.print("Hello Maker!");                    // 液晶顯示 Hello Maker!
  delay(1000);                                  // 延時 1000ms
  lcd.clear();                                  // 清除液晶顯示器資料
}
// 主函式部分
void loop()
{
  val = analogRead(LM35);                       // 讀取 AD 值
  temp = val * 4.8876;                          // 轉換為溫度值的 10 倍 利於顯示
  lcd.setCursor(0,0);                           // 設置液晶開始顯示的游標位置
  lcd.print("LM35 temp =");                     // 液晶顯示"LM35 temp ="
  lcd.setCursor(0,1);                           // 設置液晶開始顯示的游標位置
  lcd.print((int)temp/10);                      // 液晶顯示溫度整數值
  lcd.print(".");                               // 液晶顯示小數點
  lcd.print((int)temp%10);                      // 液晶顯示溫度小數值

  lcd.print((char)223);                         // 液晶顯示"°"
  lcd.print("C");                               // 液晶顯示"C"
  delay(1000);                                  // 延時 1000ms
}
```

定義部分對用到的腳位和變數進行定義，並運用有關液晶的函式庫 LiquidCrystal，創建對象 lcd。物件 lcd 使用 UNO 主機板的數位腳位 12、11、5、4、3、2 進行資料或者指令的輸出。

初始化部分採用 begin() 函式對液晶 LCD 進行初始化，採用 print() 函式在液晶上輸出 "Hello Maker!"，延遲 1s 後，再採用 clear() 函式進行清除顯示。

主函式部分，採用 analogRead() 函式讀取溫度感測器 A0 的值，根據公式計算出溫度值的十倍。利用 setCursor 函式設置液晶 LCD 輸出的起始座標為 (0,0)，輸出 "LM35 temp ="，即從液晶 LCD 的第一行第一列的位置開始輸出 "LM35 temp ="。接著重新設置液晶 LCD 輸出的起始座標為 (0,1)，輸出溫度的數值和符號，即從液晶 LCD 第二列第一行的位置開始輸出溫度的數值和符號。

實際上 lcd.print()；是可以輸出帶有小數點的 float 數值，若採用這樣的處理方式，在數值輸出的過程中小數的位數可能會變化，一會是三位小數，一會是兩位小數。一般情況下，溫度值不需要精確到小數點後三位，因此，這裡只保留一位小數。

為了控制輸出的溫度值只有一位數小數，需要將溫度值的整數部分和小數部分分別輸出。輸出的時候將溫度值拆解成三個部分（整數部分、小數點和小數部分）。想要得到溫度值的整數部分，採用強制類型轉換的方式獲得 temp 的整數部分即可。因為 temp 是溫度的十倍，因此在獲得 temp 的整數部分之後需要整除 10，即（int（temp）/10），得到溫度的整數部分（利用 int() 對 temp 進行強制類型轉換，關於強制類型轉換的部分請參考 "低頭警報器" 專案中 "測試超音波模組" 的程式碼部分）。

如何才能獲得溫度值的小數部分呢？想要獲得溫度值的小數部分，需先認識一個運算子 "%"。它叫做 "取餘運算子"，顧名思義，它的作用就是獲得兩個數值相除後的餘數，例如 5%2=1。

那麼如何利用它獲得數值的小數部分呢？這就需要先將數值擴大 10 倍，取整後，再對 10 取餘便可獲得該數值第一位小數了。例如，要獲得 "45.74" 的第一位小數 "7"，int(45.74*10)%10=7，這樣就獲得 "45.74" 的第一位小數 "7"。根據實驗程式碼，temp 的值原本就是實際溫度值的 10 倍，因此，這裡不再需要乘以 10，只需要對 temp 進行強制類型轉換後，再對 10 取餘即可，即運算式 "（int）temp%10"。

由於 "°" 是符號，在鍵盤上沒有按鍵對應，所以將符號對應的 ASCII 碼值 "223" 轉化成 char 進行輸出，即 lcd.print(char(223))，就完成 "°" 的輸出。對於溫度符號的另一部分 "C"，直接利用 print() 函式輸出 "C" 即可。

最後採用 print() 函式依次輸出整數部分、圓點和小數部分，完成溫度值的輸出。

（3）測試

將程式碼輸入 Arduino 的程式設計環境中進行編譯，成功後將程式碼上傳至 UNO 主機板。可以看到液晶 LCD 上顯示出當前的溫度。掃描二維碼，查看實驗效果。

▌圖 9　實驗效果

實驗結果

4. 小結

本節實驗採用液晶 LCD 顯示溫度。其實只要有資料輸出的地方都可以使用液晶 LCD，這種方式為實驗中數據的顯示提供了方便。由於連接 LCD 佔用了 Arduino 的多個腳位，使得 Arduino 和其他模組的連接變得困難，因此，有些 LCD 上增加了 I2C 模組，這樣只要 4 根線便能實現資料傳輸，方便了許多。

本節程式碼

2.9 9 克伺服馬達

1. 實驗目的

本節中，我們要學習使用 Arduino 控制一個 9 克伺服馬達的轉動。9 克伺服馬達廣泛應用於車模、航模和機器人的製作，利用它可以控制船尾舵的擺動、飛機升降翼的變動及機器人手臂關節的轉動等。

2. 認識零組件

實驗零組件：9 克伺服馬達、UNO 主機板、可變電阻（各一個）、USB 資料線（一條）、跳線、杜邦線（若干）。

負極　　信號　　正極

▌圖 1　9 克伺服馬達實物介面圖

9 克伺服馬達（因其重量為 9 克而得名）可以控制物體旋轉一定的角度，它的外觀如圖 1 所示，外殼呈半透明的藍色，內有白色的齒輪。它的工作電壓為 4.8~6V，在靜態不受力的情況下電流在 50mA 以下，在動態大力矩作用時超過 500mA。如圖 1 所示，9 克伺服馬達有三個介面，其中紅色是正極，為伺服馬達供電，棕色是負極，黃色是信號線，用於傳遞伺服馬達控制信號。伺服馬達工作時，將搖臂固定在伺服馬達頂端的旋轉軸上，脈衝信號經過伺服馬達的黃色信號線控制伺服馬達旋轉軸的轉動，使搖臂旋轉。

> **Tips** 有的伺服馬達介面線並不是紅、棕、黃這三種顏色，那麼接線方式需要查看伺服馬達的規格。

3. 實驗內容

本實驗將採用兩種方法控制伺服馬達的轉動。第一種方法是根據設定的角度計算脈衝信號的占空比，使伺服馬達轉動到設定的角度。第二種方法是運用 Servo 函式庫控制伺服馬達轉動的角度。第一種方法有助於瞭解伺服馬達轉動的原理，但在實際專案中更多是使用第二種方法。

實驗 1：計算占空比，使伺服馬達轉動到設定角度

通過計算脈衝信號的占空比，改變脈衝信號寬度的方式，使伺服馬達轉動設定的角度。

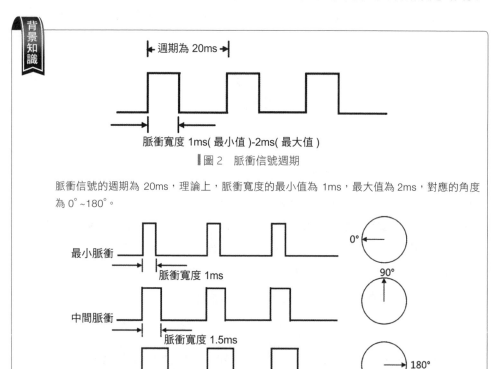

▌圖 2　脈衝信號週期

脈衝信號的週期為 20ms，理論上，脈衝寬度的最小值為 1ms，最大值為 2ms，對應的角度為 0°~180°。

▌圖 3　脈衝寬度與伺服馬達角度對應關係

當伺服馬達接收到一個小於 1.5ms 的脈衝，輸出的角度會以中間位置為基準，逆時針旋轉一定的角度。當接收到的脈衝大於 1.5ms，輸出的角度會以中間位置為基準，順時針旋轉。這就是脈衝寬度與基準信號之間的關係。

（1）電路連接

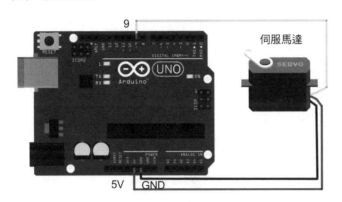

9

伺服馬達

掃一掃

電路連接過程

5V　GND

▌圖 4　電路接線圖

如圖 4 所示，將伺服馬達與 UNO 主機板相連。伺服馬達的紅色線與 UNO 主機板的 5V 腳位相連，用於為伺服馬達供電；棕色線接 UNO 主機板的 GND 腳位；黃色線接 UNO 主機板的 9 號腳位，用於 UNO 主機板向伺服馬達發送控制信號。掃描二維碼，查看電路的接線方式。

（2）程式碼編寫

```
// 定義部分
#define PWM_pin 9
int pulsewidth = 0;                    // 高電位時間 / 脈衝寬度
// 初始化部分
void setup()
{
    pinMode(PWM_pin,OUTPUT);
}
// 主函式部分
void loop()
{
    pulse(60);                         // 設置伺服馬達轉動 60 度
}
// 自訂函式 pulse()
```

```
void pulse(int angle)                    // 設置伺服馬達角度為 angle
{
    pulsewidth=int ((angle*11)+500);     // 計算轉動 60°需要高電位的時間
    digitalWrite(PWM_pin,HIGH);          // 設置高電位
    delayMicroseconds(pulsewidth);       // 延時 pulsewidth  us
    digitalWrite(PWM_pin,LOW);           // 設置低電位
    delay(20-pulsewidth/1000);           // 延時 20-pulsewidth/1000  ms
}
```

定義部分和初始化部分對用到的腳位和變數進行定義和初始化，此處不是只能使用 9 號腳位，其他數位腳位均可使用。

主函式部分運用自訂函式 pluse()，pluse() 只有一個參數，該參數表示伺服馬達需要轉動的角度。

在 pluse() 函式中，設定轉動的角度需要的脈衝寬度為 "pulsewidth=int ((angle*11) +500);"，因此，給 PWM_pin 腳的高電位時間為 pulsewidth（單位為 us），延時函式使用 delayMicroseconds()；由於脈衝信號的週期為 20ms，因此，低電位時間為 20-pulsewidth/1000（單位為 ms），延時函式使用 delay()。

究竟該如何計算已知角度與脈衝寬度之間的關係呢？

理論上脈衝寬度的範圍是 1~2ms，但實際應用時，使用的脈衝寬度的變化範圍是 0.5~2.48ms，對應的角度為 0~180°。因此，伺服馬達每轉動 1°，脈衝寬度變化為（2.48- 0.5）/180=11us。又由於脈衝寬度是從 500us 開始，因此，脈衝與角度之間的轉化關係可表示為：plusewidth=(angle*11)+500。

（3）測試

將程式碼輸入 Arduino 的程式設計環境中進行編譯，編譯成功後將程式碼上傳至 UNO 主機板，可以看到伺服馬達旋轉了 60°。掃描二維碼，查看實驗效果。

掃一掃

實驗效果

▌圖 5　實驗效果

實驗 2：可變電阻調節伺服馬達轉動角度

本實驗將通過運用函式庫 Servo，採用可變電阻控制伺服馬達的角度在 0~180° 範圍內轉動。

（1）電路連接

掃描二維碼，查看電路的接線過程。

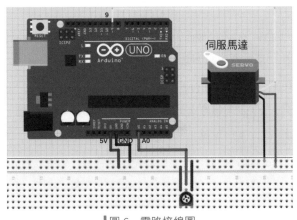

掃一掃

電路連接過程

▌圖 6　電路接線圖

（2）程式碼編寫

```
// 定義部分
#include <Servo.h>              // 運用函式庫 Servo
Servo myservo;                  // 創建一個伺服馬達的物件
#define potpin   A5             // 設定連接可變電阻的類比腳位
int val;                        // 創建變數 儲存從類比腳位讀取的值 0 到 1023
// 初始化部分
void setup()
{
  myservo.attach(9);           //  9 號腳位輸出伺服馬達控制信號

}
// 主函式部分
void loop()
{
  val = analogRead(potpin);
 // 讀取來自可變電阻的類比值 (0~1023)
  val = map(val,0,1023,0,179);
// 利用"map"函式縮放該值 得到伺服馬達需要的角度 (0~180)
  myservo.write(val);                    // 設定伺服馬達的位置
  delay(15);                             // 等待伺服馬達旋轉到目標角度
}
```

程式碼的第一行引用函式庫 Servo，它是伺服馬達的一個函式庫，並創建一個關於伺服馬達的對 象 myservo。接著利用程式碼對用到的腳位和變數進行定義。

初始化部分對給伺服馬達傳遞信號的腳位進行設置。這裡使用 attach() 函式。Myservo.attach(9); 程式表示設置 9 號腳位為伺服馬達傳送信號。由於用了 <Servo.h> 之後，9、10 腳位上的 analogWrite 會被禁用，故此處指定為 9 號腳位。

主函式中，首先利用 analogRead() 函式讀取可變電阻腳位的信號值，然後利用 map() 函式對讀取的信號值進行映射。這裡映射的參數（0,1023）是指可變電阻腳位的類比信號值，（0,179）為伺服馬達轉動的角度，由於零組件本身的物理原因，伺服馬達轉動的角度小於 180°，因此設置伺服馬達的角度範圍是 0~179。最後利用函式 write() 設定伺服馬達轉動後的位置，延時 15ms，即完成用可變電阻控制伺服馬達轉動角度的實驗。

（3）測試

將程式碼輸入 Arduino 的程式設計環境中進行編譯，編譯成功後將程式碼上傳至 UNO 主機板。旋轉可變電阻，觀察伺服馬達角度的變化。掃圖二維碼，查看實驗效果。

掃一掃

實驗效果

▎圖 7　實驗效果圖

4. 小結

本節實驗介紹了兩種控制伺服馬達旋轉的方法，第一種方法能夠更好地理解伺服馬達旋轉的原理，第二種則是實際的專案中常用的方法，更簡單易用。由於伺服馬達在有角度要求的控制系統中發揮著重要的作用，因此，掌握如何控制伺服馬達的旋轉角度對後續綜合專案的製作有很大的幫助。

掃一掃

本節程式碼

注意：伺服馬達消耗電流較大，特別是其上有負載受力時，需要的電流更大。Arduino 主機板只能滿足一個伺服馬達所需要的電流，因此實際應用時應考慮採用供電模組為伺服馬達供電。掃描二維碼，瞭解如何使用麵包板供電模組為伺服馬達供電。

掃一掃

使用麵包板供電模組為伺服馬達供電

2.10 SPI 跑馬燈

1. 實驗目的

儘管 UNO 主機板上有 13 個數字腳位，但連接多個零組件時，總有不夠用的時候。如果專案中需要使用更多的數位腳位，該怎麼辦呢？74HC595 晶片可通過 SPI 介面從 Arduino 板上引出更多的數位腳位。本節實驗將通過 74HC595 晶片控制一排 8 個 LED 依次亮滅，形成跑馬燈的效果。

2. 認識零組件

實驗零組件：74HC595 晶片、UNO 主機板、麵包板（各一塊）、USB 數據線（一條）、LED、跳線（若干）。

74HC595 晶片是一種具有 8 位暫存器和一個記憶體組成的晶片。它的工作電壓為 2.0V-6.0V，驅動電流 ±7.8mA(並列輸出)，共有 16 個腳位，腳位的作用不盡相同。

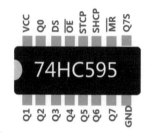

▌圖 1　74HC595 晶片實物圖　　▌圖 2　74HC595 晶片腳位示意圖

- **Q0~Q7**：並列資料的輸出腳位。

- **GND**：電源接地腳位。

- **Q7S**：序列資料輸出（所謂序列資料，是指數據以 8 位元為一串的方式輸出）腳位。如 果有多個 74HC595 相連，它就用於連接下一級的 74HC595。

- **MR**：主重置，低電位時有效。即當 MR 低電位時，74HC595 內的資料全部清空，接高電位則不清空。

- **SHCP**：移位暫存器的時鐘輸入腳位。當有一個正緣觸發時，SHCP 就把要存入 74HC595 中的資料向前移動一位元。

- **STCP**：儲存暫存器的時鐘輸入腳位。當有一個正緣觸發時，STCP 就會將資料鎖存到並列輸出 Q0~Q7 上。

- **$\overline{\text{OE}}$**：輸出致能，致能就是啟動的意思，它在低電位的情況有效。只有這一腳位接低電位，74HC595 才能工作。

- **DS**：序列資料的輸入腳位，用於 UNO 主機板向 74HC595 輸入資料。

- **VCC**：接電源腳位。

背景知識　何為正緣和負緣呢？數位信號是由 "0" 和 "1" 組成。其中 "1" 代表高電位，"0" 代表低電位。從高電位轉至低電位稱為負緣，而從低電位轉至高電位稱為正緣。

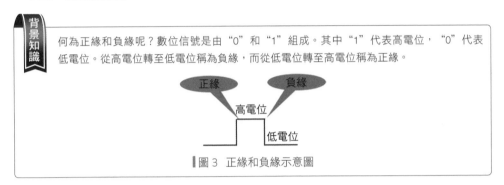

▌圖 3　正緣和負緣示意圖

3. 實驗內容

在瞭解了實驗電路圖的原理，也準備好了實驗所需的零組件的基礎上，嘗試連接實驗電路圖，製作 LED 跑馬燈吧。

（1）電路連接

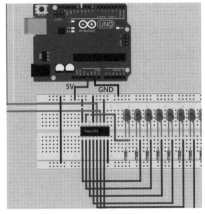

▌圖 4　實驗電路接線圖

掃一掃

電路連接過程

如圖 4 所示，將標有 "74HC595" 標誌的晶片正向放置，插在橫跨麵包板中間的隔離槽上。其中 Q0~Q7 是輸出腳位，與電阻串聯後，連接 8 盞 LED 的正極。晶片的 VCC、GND 分別接 UNO 主機板的 5V 腳位和 GND 腳位。掃描二維碼，查看電路的接線方式。DS、$\overline{\text{OE}}$、SHCP、STCP、$\overline{\text{MR}}$ 是控制腳位，下面對這些腳位的連接進行簡要的說明。

$\overline{\text{OE}}$ 具有使能 74HC595 的作用，低電位有效，因此 $\overline{\text{OE}}$ 接 GND。

DS 接 11 號數位腳位，控制序列資料的輸入。資料從 DS 進入 74HC595 中，每次只能輸入一位。SHCP 接 12 號腳位，它是移位暫存器時鐘輸入腳位。當給 SHCP 一個正緣，它將輸入 74HC595 的資料向前移一位元。如圖 5 所示，74HC595 在工作時，資料經 DS 端口進入，但每次只能進一位。當 SHCP 處於正緣時，它將要通過 DS 進入 74HC595 的數據向前移動一位。以 8 位元數據 00000001 為例：

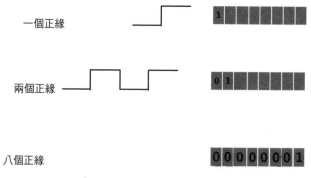

圖 5　序列資料登錄示意圖

STCP 接 8 號腳位，它是儲存暫存器時鐘輸入腳位，當給 STCP 一個正緣，它可以將已經儲存至 74HC595 的 8 位元資料直接輸出到 Q0~Q7 的並列輸出口。如圖 6 所示，當 STCP 出現一個正緣時，這些資料被一次性輸出至 Q0~Q7 中。其中 "1" 代表給腳位高電位，"0" 代表低電位。高電位時 LED 點亮，低電位 LED 熄滅。給 Q0~Q7 不同的值，8 盞 LED 迴圈閃爍，呈現跑馬燈的效果。

圖 6　資料在 Q0~Q7 儲存的示意圖

 $\overline{\text{MR}}$ 必須接 5V 腳位，因為當它接低電位時，74HC595 中的資料會被清空。為保證 74HC595 裡的資料都在，$\overline{\text{MR}}$ 接高電位。

（3）程式碼編寫

```
// 定義部分
#define LatchPin 8                        //STCP
#define ClockPin 12                       //SHCP
#define DataPin 11                        //DS
char table[] = {0x01,0x02,0x04,0x08,0x10,0x20,0x40,0x80};    //LED 狀態顯示的變數
// 初始化部分
void setup ()
{
  pinMode(LatchPin,OUTPUT);
  pinMode(ClockPin,OUTPUT);
  pinMode(DataPin,OUTPUT);              // 讓三個腳都是輸出狀態
}
// 主函式部分
void loop()
{
  for(int i=0; i<8; i++)
  {
    digitalWrite(LatchPin,LOW);
// 將 STCP 上面加低電位讓晶片準備好接收資料
    shiftOut(DataPin,ClockPin,MSBFIRST,table[i]);
// 將資料以先發送高位元資料的方式 發送給 Q0~Q7, 參考圖 9
    digitalWrite(LatchPin,HIGH);
// 將 STCP 這個針腳恢復到高電位

    delay(500);                         // 延時 500ms
  }
}
```

定義部分對用到的腳位進行定義，定義 char 型陣列 table[]，並在 table[] 中存入資料。其中 char 表示 "字元型" 資料，它是可以容納單個位元組的一種資料類型，就是說它儲存的每位元資料在電腦的記憶體中占 8 個二進位位元。由於有 8 盞 LED 燈，每盞燈均有 "亮" 和 "滅" 兩種狀態，這兩種狀態對應二進位中的 "1" 和 "0"，因此這裡採用 char 類型。

存入陣列的資料 "0x01,0x02,0x04,0x08,0x10,0x20,0x40,0x80" 與我們平時見到的資料有所不同，此處需作簡要的介紹。

這種以 0x 開頭的資料是十六進位數。程式碼中為何採用十六進位數，而不直接採用二進位的數呢？

由於資料在電腦中最終以二進位的形式存在，所以有時使用二進位可以更直觀地解決問題。但二進位數字太長了，比如，int 類型佔用 4 個位元組，32 位元 (一個位元組是 8 個二進位位元)；100 用 int 類型的二進位數字表達，將表示為：

00000000000000000110 0100

這種表示方法使得資料過長，同時 C 和 C++ 並沒有直接在程式碼中寫入二進制數的方法，因此採用十六進位數代替，讓數位變得短些，便於記憶。

在實驗中，一共有八盞 LED，每次只點亮一盞 LED，八盞 LED 的點亮和熄滅的狀態利用二進位的方式表示如下圖，其中 "1" 表示燈亮，"0" 表示熄滅。

```
0000  0001
0000  0010
0000  0100
0000  1000
0001  0000
0010  0000
0100  0000
1000  0000
```

▌圖 7　8 盞燈的亮滅狀態

這些二進位對應的十六進位如下圖。

二進位	十六進位
0000 0001	0X01
0000 0010	0X02
0000 0100	0X04
0000 1000	0X08
0001 0000	0X10
0010 0000	0X20
0100 0000	0X40
1000 0000	0X80

▌圖 8　二進位和十六進位的對應圖

初始化部分將用到的腳位初始化為輸出模式。

在主函式 loop() 中，利用 for() 迴圈將 table[] 中的資料傳輸給 Q0~Q7。首先給 latchPin 一個低電位，讓 74HC595 晶片準備好接收資料，為後續給 latchPin 提供一個正緣做準備。利用 shiftOut() 函式，將 table[] 中的資料儲存到 74HC595 中。然後再給 latchPin 高電位，將已經儲存至 74HC595 的 8 位元資料直接輸出到 Q0~Q7 的並列輸出口，完成一次資料的輸出，呈現一種燈亮滅組合。延遲 500ms 後進入迴圈。

這樣利用 for() 迴圈將 table[] 中的資料依次輸出，每次點亮一個不同的 LED，就會出現跑馬燈的效果。

shiftOut(dataPin,clockPin,bitOrder,value)

dataPin 是準備資料的輸入腳位。本程式碼中是 11 號腳位。

clockPin 是時鐘腳位。本程式碼中是 12 號腳位。

bitOrder 是數據移位元的方向。有兩個可選參數，MSBFIRST 先發送高位元資料，LSBFIRST 先發送低位元資料。

value 是移位元資料值，即要輸出移位暫存器裡的值。本程式碼中的 value 是指 table[] 陣列的元素。

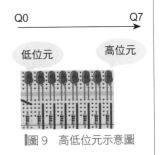

▌圖 9　高低位元示意圖

（4）測試

　　將程式碼輸入 Arduino 的程式設計環境中進行編譯，成功後將程式碼上傳至 UNO 主機板。可以觀察到 LED 燈從左至右依次迴圈亮起。掃描二維碼，查看實驗效果。

掃一掃

實驗效果

▌圖 10　實驗效果

4. 小結

　　實驗中使用 74HC595 晶片點亮 8 盞 LED，僅使用了 UNO 主機板的 3 個數位腳位。同時，利用它的 Q7S，可以連接下一顆 74HC595，極大地提高了 UNO 主機板數位腳位的使用效率。在綜合實驗中，若需要使用較多的數位腳位，可以考慮使用 74HC595 晶片。

掃一掃

本節程式碼

本章小結

　　在完成本章九個基礎實驗的過程中，想必你已經熟悉了 Arduino 的開發流程，瞭解了 Arduino 開發過程中常用的零組件，也知道了如何嘗試借助 Arduino 和感測器將自己的想法轉化為現實。但這只是 Arduino 開發過程最簡單和基礎的部分，後續的章節中，我們將體驗以專案形式製作 Arduino 作品。

　　在本章的每個基礎實驗中，都引入新的零組件，到目前為止，累計已經接觸了近二十個零組件。你可以根據自己的想法對其中的零組件進行有效的組合，嘗試製作自己的 Arduino 作品，或者對基礎部分現有的實驗進行改造，創作屬於自己的 Arduino 作品。

擴展案例

　　嘗試設計並製作一個門口計數器，安裝在家門口，統計一天之中從家門口路過的人數，並將其顯示出來。可能用到的主要零組件有：超音波模組、四位數七段顯示器或液晶 LCD。

　　你可以將製作完成的作品，通過掃描二維碼，上傳到本書的網站，與更多人分享。

掃一掃

線上交流

103

筆記欄

CHAPTER 03

Arduino 微專案

學習了第二章的基礎實驗，基本瞭解了 Arduino 的輸入輸出零組件和程式設計方式。在本章中，將嘗試設計製作幾個有實際用途的微型專案。這些專案儘管用到的零組件較少和程式碼較簡單，但比較完整地呈現了將想法變為實際作品的過程。

3.1 震動警報器

1. 設想

　　日常生活中常常看到這樣一幕：在未解鎖的狀態下碰觸到電動車，電動車會發出 "嘀嘀" 的警報聲，這是車上的警報裝置被觸發，發出聲音，這樣能夠有效預防電動車被盜。本節實驗將嘗試使用震動開關和有源蜂鳴器製作一個震動警報器。

2. 初步設計

　　當有震動發生時，震動開關感受到震動，腳位的電位值發生改變，輸入 UNO 主機板的電位值變化促使 UNO 主機板改變有源蜂鳴器腳位的電位值，有源蜂鳴器發出警報聲。

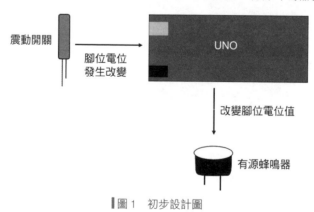

▌圖 1　初步設計圖

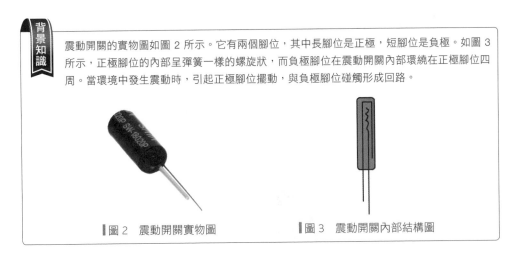

背景知識

震動開關的實物圖如圖 2 所示。它有兩個腳位,其中長腳位是正極,短腳位是負極。如圖 3 所示,正極腳位的內部呈彈簧一樣的螺旋狀,而負極腳位在震動開關內部環繞在正極腳位四周。當環境中發生震動時,引起正極腳位擺動,與負極腳位碰觸形成回路。

▌圖 2　震動開關實物圖　　　　　　　　　▌圖 3　震動開關內部結構圖

有源蜂鳴器中的 "源" 指的是振盪源,即有源蜂鳴器的內部有振盪電路,只要給有源蜂鳴器通直流電,有源蜂鳴器就可以發出響聲。有源蜂鳴器有兩個腳位,標有 "+" 符號的是正極腳位,另一個是負極腳位。它的額定電壓範圍在 4~7V,額定電流小於等於 30mA。

▌圖 4　有源蜂鳴器實物圖

3. 實驗驗證

震動警報器由兩個主要的零組件組成:震動開關和有源蜂鳴器。實驗開始前,需要對有源蜂鳴器進行檢測,確保有源蜂鳴器能夠正常使用。

實驗 1：按鍵控制有源蜂鳴器

正常情況下，只要給有源蜂鳴器通電，有源蜂鳴器就能發出鳴叫聲。檢測實驗中，利用按鍵控制電路，按鍵按下，電路接通，給有源蜂鳴器正極腳位高電位，使有源蜂鳴器發出鳴叫聲。

（1）電路連接

▌圖 5　電路接線圖

掃一掃

電路連接過程

根據圖示，將有源蜂鳴器和 UNO 主機板相連，並在電路中連接一個按鍵，完成電路的連接。掃描二維碼，查看電路連接過程。

（2）程式碼編寫

```
// 定義部分
#define LED 13
#define KEY 3
#define Buzzer 2
int KEY_NUM = 0;                          // 按鍵鍵值變數
// 初始化部分
void setup()
{
```

```
  pinMode(LED,OUTPUT);                              //LED 為 IO 輸出
  pinMode(KEY,INPUT_PULLUP);                        // 按鍵為 IO 上升電阻輸入
  pinMode(Buzzer,OUTPUT);                           // 蜂鳴器為 IO 輸出
  digitalWrite(Buzzer,LOW);                         // 蜂鳴器初始為不鳴叫
}
// 主函式部分
void loop()
{
  ScanKey();                                        // 按鍵掃描
  if(KEY_NUM == 1)                                  // 當有按鍵按下時
{
    digitalWrite(LED,!digitalRead(LED));            //LED 狀態翻轉
}
}
// 自訂函式 ScanKey()
void ScanKey()
{
 KEY_NUM = 0;
  if(digitalRead(KEY) == LOW)
{
    delay(20);                                      // 延時
    if(digitalRead(KEY) == LOW)
    {
    digitalWrite(Buzzer,HIGH);                      // 蜂鳴器響
      delay(20);                                    // 延時 20ms

      digitalWrite(Buzzer,LOW);
      KEY_NUM = 1;                                  // 設置鍵值
      while(digitalRead(KEY) == LOW);               // 鬆手判斷
    }
  }
}
```

定義部分對程式中用到的腳位和變數進行定義。其中在定義部分定義了 13 號腳位。雖然 0~13 號腳位均為數字腳位，但 13 號腳位還控制著 UNO 主機板上的一個 LED，稱為板載 LED。測試時，它協助判斷按鍵是否完成按下並彈起的操作。

初始化部分對定義部分的腳位進行初始化。其中初始化 KEY 腳位的模式為上升電阻的模式。主函式部分在執行時，首先執行 ScanKey() 函式。ScanKey() 函式對按鍵的狀態進行掃描（ScanKey() 函式的相關內容參考 "按鍵 LED 組合燈光"）。當執行完 ScanKey() 函式中的兩個 if() 程式後，若按鍵是按下的狀態，先給 Buzzer 腳位一個高電位，使有源蜂鳴器發出 "嘀嘀" 鳴叫聲，延時 0.02s 後，給 Buzzer 腳位一個低電位，有源蜂鳴器停止出聲。

接著執行 KEY_NUM=1；設定陳述式，記錄按鍵此時的狀態是處於按下的狀態。利用 while(digitalRead(KEY) == LOW); 程式進行鬆手判斷（鬆手判斷相關內容可以參考 "按鍵 LED 組合燈光" 的測試部分）。當手鬆開按鍵，程式碼跳出迴圈程式，轉到 loop() 函式中去執行 if(KEY_NUM == 1) 判斷程式，判斷按鍵是否被按下並彈起過。如果按鍵按下並彈起，則執行程式 digitalWrite(LED,!digitalRead(LED))；使板載 LED 的狀態置反，若之前 LED 是熄滅狀態，則此時為點亮狀態。

（3）測試

將程式碼輸入 Arduino 的程式設計環境中進行編譯，編譯成功後將程式碼上傳至 UNO 主機板。按下按鍵可以聽到有源蜂鳴器發出 "嘀嘀" 的鳴叫聲，鬆開按鍵時，板載 LED 的狀態發生變化。掃描二維碼，查看實驗效果。

▌圖 6　實驗效果圖

掃一掃

實驗效果

4. 詳細設計

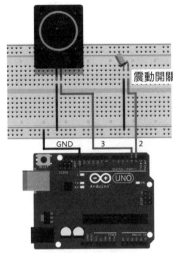
震動開關

GND   3   2

掃一掃
電路連接過程

圖7　詳細設計電路圖

　　如圖 7 所示，將零組件接入電路中。震動開關的正極與 UNO 主機板的 2 號數位腳位相連，用於傳遞信號。有源蜂鳴器的正極接 UNO 主機板的 3 號數字腳位負極接 UNO 的 GND 腳位。掃描二維碼，查看電路連接過程。當震動開關遇到震動時，電路閉合，發生中斷。UNO 主機板發送信號至 3 號腳位，驅動有源蜂鳴器發出鳴叫聲。

5. 原型開發

（1）程式碼編寫

```
// 定義部分
#define KEY 2
#define Buzzer 3
int flag = 0;                      // 記錄是否有中斷產生
// 初始化部分
void setup()
{
  pinMode(KEY,INPUT_PULLUP);       // 按鍵設置為上升電阻輸入
  pinMode(Buzzer,OUTPUT);
```

```
// 在中斷函式 attachInterrupt() 中設置 ARDUINO UNO 中斷 0 數字 IO 2 負緣觸發
   attachInterrupt(0,BuzzerDi,FALLING); // 中斷服務函式 BuzzerDi
}
// 主函式部分
void loop()
{
   if(flag == 1)                              // 如果 flag 被置 1 說明有中斷產生 執行該段程式
   {
      flag = 0;                               //flag 清為零
      digitalWrite(Buzzer,HIGH);              // 蜂鳴器響
      delay(1000);                            // 延時 1000ms
   }
   else
   {
      digitalWrite(Buzzer,LOW);               // 沒有中斷 蜂鳴器不響
   }
}
// 自定  函 BuzzerDi()
void BuzzerDi()                                // 中斷服務函式 BuzzerDi
{
   flag = 1;                                   // 置旗標位元
}
```

定義部分對用到的腳位進行定義，並定義變數 flag，用於記錄程式是否有中斷。

什麼是中斷？中斷可以理解為程式暫停當前正在執行的程式，轉而執行其他函式，並在其他函式執行完畢後又返回到之前暫停的程式繼續執行的一個過程。相比於用程式不斷地判斷腳位電壓值，採用中斷不僅能節省計算資源，而且不會漏報事件。

初始化部分對用到的腳位進行初始化。之所以將 KEY 腳位設定為上升電阻的輸入腳位模式，是因為震動開關震動閉合時，震動開關和 UNO 主機板之間會構成回路，上拉電阻起到保護電路的作用。此外，程式的初始化部分還對 attachInterrupt() 函式觸發的狀態進行設定。

```
attachInterrupt(interrupt,function,mode)
```

函式有三個參數：interrupt、function 和 mode，各參數含義如下：

interrupt: 中斷，一般 Arduino 有中斷 0（數位 2 號接腳）和中斷 1（數位 3 號接腳）。

function: 中斷服務函式，即發生中斷，程式轉而執行的那個函式。

mode: 中斷觸發的模式，mode 有四種狀態，分別是：

① LOW：中斷的腳位號為低電位時觸發。

② CHANGE: 中斷腳位號由高電位轉向低電位，或者低電位轉向高電位時觸發。

③ RISING: 中斷腳位號由低電位轉向高電位時觸發。

④ FALLING: 中斷腳位號由高電位轉向低電位時觸發。

在本程式中，attachInterrupt(0,BuzzerDi,FALLING)；程式的意思是，震動開關的正極接 UNO 主機板的 2 號腳位，所以中斷號為 0；中斷的服務函式為 BuzzerDi()；觸發狀態為 FALLING。即當 2 號腳位的電位狀態由高電位轉向低電位時觸發 BuzzerDi() 函式。

主函式執行時，首先利用 if 程式判斷 flag 的值。當 flag 的初始值為 0，沒有發生中斷，執行 else 程式中的 digitalWrite(Buzzer,LOW); 有源蜂鳴器不發出鳴叫聲，flag 的值不變。一旦中斷腳位（UNO 主機板 2 號腳位）的狀態由高電位轉向低電位狀態，將會觸發 BuzzerDi 函式。執行 BuzzerDi() 函式後，flag 的值變為 1。當 flag 的值為 1 時，返回執行 loop() 函式中的 if 程式，此時的 flag 滿足 if 程式後的條件，將 flag 清為零，執行 digitalWrite(Buzzer，HIGH) 函式，Buzzer 腳位寫入高電位，並延遲 1 秒。這樣使得有源蜂鳴器發生警報，鳴叫聲持續 1 秒。

（2）測試

　　將程式碼輸入 Arduino 的程式設計環境中進行編譯，編譯成功後將程式碼上傳至 UNO 主機板。試著拍一下桌面，傾聽有源蜂鳴器是否發出鳴叫聲。掃描二維碼，查看實驗效果。

掃一掃

實驗效果

▌圖 8　實驗效果

　　到此震動警報器製作完成，可以給予你的作品提供多種"震動源"，檢測有源蜂鳴器能否發出鳴叫聲。震動警報器除了用於車輛的防盜警報，還可以用於哪些方面呢？嘗試將製作完成的作品應用於實際生活吧。

掃一掃

本節程式碼

3.2 低頭警報器

1. 設想

不少小朋友看書、寫字眼睛離課桌過近，長此以往容易造成近視。如果有這樣一個儀器，放在小朋友的桌子上，當小朋友眼睛離桌子過近時，發出警報聲，讓小朋友抬起頭，這樣的儀器應該能 明小朋友有效地預防近視。本節將嘗試製作一個低頭警報器，當小朋友的頭部離書本過近時，會發出"嘀嘀"的警報聲。

2. 初步設計

初步設計的方案如圖 1 所示，UNO 主機板驅動超音波模組發出超音波，超音波信號碰到障礙物後返回，並向 UNO 主機板輸出一個高電位信號。UNO 主機板根據高電位信號持續時間計算出障礙物的距離，並決定是否改變有源蜂鳴器腳位的電位值，讓有源蜂鳴器發出警報聲。

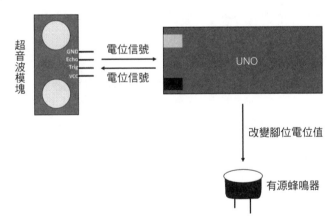

▍圖 1　初步設計圖

超音波模組是一種能夠測量前方障礙物距離的模組，它每隔一段時間發送一次方波信號，信號碰到障礙物後返回，返回的信號會通過 Echo 腳位輸出一個高電位，高電位的時間即為超音波發射到返回的時間，經過計算獲得障礙物與超音波模組的距離。本節實驗採用的超音波模組工作電壓為 5V，探測距離在 2~450cm，精度可達 0.2cm。

▌圖 2　超音波模組實物圖

3. 實驗驗證

低頭警報器由兩種主要的零組件構成：有源蜂鳴器和超音波模組。有源蜂鳴器在《震動警報器》中已經有所瞭解。本節實驗重點要瞭解超音波模組測量距離的原理。

實驗 1：按鍵控制有源蜂鳴器

參考"震動警報器"中實驗驗證"實驗 1：按鍵控制有源蜂鳴器"。

實驗 2：超音波模組測量距離

UNO 主機板可以驅動超音波每隔一段時間發出超音波信號，超音波信號遇到障礙物後會返回，根據超音波發送、返回時間差和聲波的速度可以計算障礙物與超音波模組的距離。

（1）電路連接

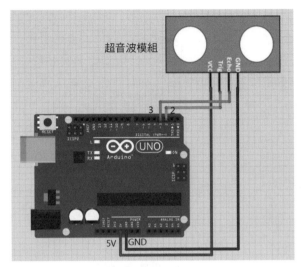

掃一掃

電路連接過程

▌圖 3　電路接線圖

　　如圖 3 所示，將超音波模組與 UNO 主機板相連。超音波模組有四個腳位，從左到右的腳位分別是 VCC、Trig、Echo、GND。其中 VCC 和 GND 分別與 UNO 主板的 5V 腳位和 GND 腳位相連；Trig 和 Echo 分別與 UNO 主機板的 2 號和 3 號數位腳位相連，用於超音波模組和 UNO 主機板之間信號傳遞。

　　掃描二維碼，查看電路連接過程。工作時，UNO 主機板通過 Trig 腳位給超音波模組發送至少 10us 的高電位信號，驅動超音波模組。超音波模組自動發送超音波，超音波碰到障礙物後返回，同時超音波模組會自動判斷是否有超音波返回。若有超音波返回，超音波模組的 Echo 腳位會輸出一個高電位給 UNO 主機板，UNO 主機板將 往返時間差折算成距離，這個距離的一半便是障礙物與超音波模組的距離。

（2）程式碼編寫

```
// 定義部分
#define TrigPin 2
#define EchoPin 3
float Value_cm;// 定義雙精度變數用於儲存計算的距離值
// 初始化部分
void setup()
{
    Serial.begin(9600);
    pinMode(TrigPin, OUTPUT);
    pinMode(EchoPin, INPUT);
}
// 主函式部分
void loop()
{
    digitalWrite(TrigPin, LOW);    // 低電位設置 TrigPin 的初始狀態
    delayMicroseconds(2);
    digitalWrite(TrigPin, HIGH);
    // 給 TrigPin 腳位高電位用於驅動超音波模組，使它發送方波信號
    delayMicroseconds(10);
    digitalWrite(TrigPin, LOW);              // 給 TrigPin 低電位信號，結束驅動

    Value_cm = float( pulseIn(EchoPin, HIGH) * 17 )/1000;
    // 將回波時間換算成 cm
    Serial.print(Value_cm);
    Serial.println("cm");
    delay(1000);
}
```

定義部分對用到的腳位進行定義。同時，定義了一個 float 類型的變數 Value_cm，用於儲存計算得到的距離值。

與之前學習的 int 和 char 類似，Float 也是變數的一種類型，稱為 "浮點數"，它只能儲存帶有小數點的小數。程式碼中定義的 float 類型變數 Value_cm，用於儲存含小數的變數。

初始化部分對腳位模式進行定義，並對序列埠進行初始化。由於 TrigPin 腳位用於從 UNO 主機板輸出信號去觸發超音波模組，因此將腳位模式設置為輸出模式。而 EchoPin 腳位用於接收從超音波模組返回的信號，因此將其設置為輸入模式。

主函式 loop() 中，首先給 2 微秒的低電位信號，用於設置 TrigPin 腳位初始狀態。接著給 TrigPin 腳位 10 微秒的高電位，用於觸發超音波模組去發送方波信號，然後再給 TrigPin 腳位低電位結束觸發；利用 pulseIn() 函式讀取時間。

pulseIn(pin,value) 函式有兩個參數。Pin 表示 pulseIn() 函式判斷腳位，value 代表判斷腳位 pin 在何種狀態開始計時。程式碼中的 pulseIn(EchoPin,HIGH); 程式表示 pulseIn() 函式去判斷 EchoPin 腳位的狀態。pulseIn() 函式讀取的時間單位為微秒 (us)。

計算障礙物與超音波模組的距離公式為：

距離 (cm)= 高電位持續的時間 (us)x340m/s(聲速) /2 (因為根據時間差計算出的距離是實際距離的 2 倍)

將上式中的距離單位統一換算成 cm，時間單位換算成 us，可以得到下式：距離 (cm)= 高電位持續的時間（us） * 17000 cm / 1000000 us

即：距離 (cm)= 高電位持續的時間 * 17 / 1000 (cm)

需要說明的是，程式碼中 "/" 表示除法運算，如果除號左右兩邊都是整數類型，那麼得到的結果也是整數，如 3/2=1。在實驗中我們需要比整數精度更高的數位，因此，程式碼中利用強制類型轉換將被除數部分轉換成 float 類型，這樣最後得到的距離值就是帶有小數點的數字。

> 背景知識
>
> 強制類型轉換：
>
> 資料類型（運算式）
>
> 例如：運算式 5/2 的結果是 2，若對被除數進行強制類型轉化之後，float(5)/2 的結果是 2.5，這樣便可得到小數。

對於本程式碼，要將 "距離 (cm)= 高電位持續的時間 * 17 / 1000 (cm)" 式子中的被除數的類型強制轉化為浮點數，可以寫為 "距離 (cm)=float(高電位持續的時間 * 17)/ 1000 (cm)"。

程式最後利用 Serial.print() 和 Serial.println() 函式將距離的數值和單位 (cm) 在監視窗口中顯示。

（3）測試

將程式碼輸入 Arduino 的程式設計環境中進行編譯，編譯成功後將程式碼上傳至 UNO 主機板。打開監看視窗，將手放在超音波模塊的正上方，改變手與超音波模組的距離，可以看到序列埠監視器中的距離值也在不斷改變。測試過程可以準備一把直尺，測量手與超音波模組的距離，查看直尺的測量值和序列埠監視器上的輸出值是否相同。掃描二維碼，查看實驗效果。

實驗效果

▎圖 4　實驗效果

▎圖 5　序列埠輸出的距離值

4. 詳細設計

對有源蜂鳴器和超音波模組進行實驗驗證後,將它們組合製作低頭警報器。

如圖 6 所示,將超音波模組和有源蜂鳴器進行連接。有源蜂鳴器的正極接 5 號腳位,另一個腳位接在 UNO 主機板的 GND 腳位。超音波模組的四個腳位 VCC、Trig、Echo 和 GND 分別接在 UNO 主機板的 5V、2 號、3 號和 GND 腳位。工作時,當障礙物靠近超音波模組,有源蜂鳴器發出"嘀嘀"的警報聲;當障礙物遠離超音波模組,有源蜂鳴器停止發出"嘀嘀"聲。

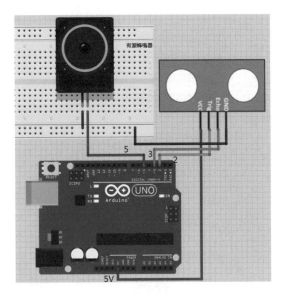

掃一掃

電路連接過程

▌圖 6　電路接線圖

5. 原型開發

（1）程式碼編寫

當電路工作時，UNO 主機板給超音波模組的 Trig 腳位一個觸發信號，驅動超音波模組發出方波信號，當障礙物靠近超音波模組時，信號會返回至超音波模組，通過 Echo 腳位進入 UNO 主機板。信號在 UNO 主機板內進行處理，獲得障礙物距離超音波模組距離。當距離值小於設定值時，UNO 主機板觸發有源蜂鳴器，發出 "嘀嘀" 的警報聲。當距離值大於設定值時，UNO 主機板不觸發有源蜂鳴器，有源蜂鳴器不發出聲音。

```
// 定義部分
#define TrigPin 2                      // 定義觸發超音波模組的腳位 TrigPin
#define EchoPin 3                      // 定義接收返回信號的腳位 EchoPin
#define Buzzer 5                       // 定義驅動有源蜂鳴器的腳位 Buzzer
float value_cm;                        // 定義浮點型變數儲存計算的距離值
// 初始化部分
void setup()
{
  Serial.begin(9600);
  pinMode(TrigPin,OUTPUT);
  pinMode(EchoPin,INPUT);
  pinMode(Buzzer,OUTPUT);
  digitalWrite(Buzzer,LOW);            // 設定有源蜂鳴器初始狀態是不響的狀態
}
// 主函式部分
void loop()
{
  distance();      // 運用自訂函式 distance() 測得障礙物距離超音波
  stu();           // 運用自訂函式 stu() 判斷障礙物距離超音波模組的值是否小於設定值
}
// 自訂函式 distance()
void distance()
{
  digitalWrite(TrigPin,LOW);
```

```
    delayMicroseconds(2);
    digitalWrite(TrigPin,HIGH);
    delayMicroseconds(10);
    digitalWrite(TrigPin,LOW);
    value_cm =float(pulseIn(EchoPin,HIGH)*17)/1000;
    Serial.print(value_cm);
    Serial.println("cm");
    delay(100);
}
// 自訂函式 stu()
void stu()
{
    if (value_cm<=35)                   //value_cm 小於設定值 35cm 時
    {
        digitalWrite(Buzzer,HIGH);      // 給有源蜂鳴器的腳位高電位 有源蜂鳴器發聲
        delay(30);                      // 鳴叫聲延遲 30 毫秒
        digitalWrite(Buzzer,LOW);       // 給有源蜂鳴器的腳位低電位 有源蜂鳴器不發聲
    }
    else                                // 當 value_cm 大於設定的值 35 時
    {
        digitalWrite(Buzzer,LOW);       // 給有源蜂鳴器的腳位低電位 有源蜂鳴器不發聲
    }
}
```

定義部分和初始化部分對程式中用到的腳位進行定義和初始化，並利用 Serial.begin() 函式初始化序列埠。

主函式 loop() 主要執行兩個自訂函式 distance() 和 stu()。程式碼執行時，首先執行 distance() 函式。它利用超音波測距的方式測得障礙物與超音波模組間的距離（程式碼的具體函意請參考本節實驗中測試超音波模組的部分）。接著執行自訂函式 stu(),stu() 用於判斷障礙物與超音波模組的距離是否小於設定的 35cm，若小於等於 35cm，有源蜂鳴器發出 "嘀嘀" 聲；若大於 35cm，有源蜂鳴器則不發出 "嘀嘀" 聲。

在 stu() 函式中，首先利用 if...else... 程式判斷 distance() 中測出的距離與程式設定的距離值之間的大小關係。如果 distance() 函式中測得的 value_cm 值小於 35cm 時，執行 if() 後的程式塊，即先給 Buzzer 30ms 的高電位，再給它低電位，使蜂鳴器發出鳴叫聲；當測得的值大於 35cm 時，執行 else 後的程式塊給蜂鳴器腳位 Buzzer 低電位，蜂鳴器不發聲。

（2）測試

將程式碼輸入 Arduino 的程式設計環境中進行編譯，編譯成功後將程式碼上傳至 UNO 主機板。打開監看視窗，用手模擬低頭抬頭的動作。觀察監看視窗的距離數值變化及蜂鳴器的發聲情況。掃描二維碼，查看實驗效果。

掃一掃

實驗效果

圖7　實驗效果

圖8　序列埠輸出的距離值

將低頭警報器放在書桌上，檢驗作品的效果。當眼睛離課桌的距離小於等於 35cm 時，蜂鳴器發出警報聲，當眼睛離課桌的距離大於 35cm，有源蜂鳴器不發出警報聲。

掃一掃

本節程式碼

3.3 光控音樂盒

1. 設想

音樂盒悠揚的音樂，往往能勾起人們對美好時光的回憶和嚮往。本節將嘗試製作一個光控音樂盒。當有光線照到音樂盒時，音樂盒會播放音樂；遮擋住光線，音樂盒停止播放音樂。

2. 初步設計

光控音樂盒的初步結構設計如圖 1 所示。環境中的光線改變，光敏電阻輸出的類比信號值也隨之改變，UNO 主機板接收到變化的類比信號後作出 "判斷"，通過改變無源蜂鳴器腳位的電位值，讓無源蜂鳴器播放相應音符的頻率。

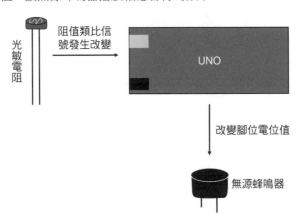

光敏電阻 — 阻值類比信號發生改變 → UNO — 改變腳位電位值 → 無源蜂鳴器

▌圖 1　初步設計圖

無源蜂鳴器是指不含振盪源的蜂鳴器，與有源蜂鳴器不同的是無源蜂鳴器接入直流電，並不會發出鳴叫聲。它的工作電壓是 1.5~15V，輸出的音訊信號頻率在 1.5~2.5kHz。無源蜂鳴器必須利用方波進行驅動，2~5kHz 的頻率最為合適。頻率越高，無源蜂鳴器發出的聲音越尖銳。在連接無源蜂鳴器時，無源蜂鳴器上標有 "+" 的腳位接 UNO 主機板的正極。

▌圖 2 無源蜂鳴器實物圖

光敏電阻的阻值隨著光線變化會發生改變。光線越強,光敏電阻的阻值越小,傳遞給 UNO 主機板的信號值越小;反之,光線越弱,光敏電阻的阻值越大,傳遞給 UNO 主機板的信號值越大。光敏電阻工作的最大電壓為 150V,最大功耗為 100mW。

▌圖 3 光敏電阻實物圖

3. 實驗驗證

實驗分別對製作光控音樂盒的兩個主要零組件—光敏電阻和無源蜂鳴器進行驗證,確保兩個零組件能夠正常使用。

實驗 1: 光敏電阻控制 LED 亮滅

將 LED 與光敏電阻串聯,當光線強度改變,光敏電阻的阻值會發生改變,導致與光敏電阻串聯的 LED 的亮度也發生改變。當光敏電阻的阻值大於程式設定值時點亮 LED,小於程式設定值時,熄滅 LED。

（1）電路連接

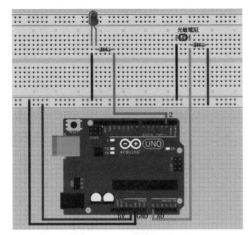

光敏電阻

掃一掃

電路連接過程

▊圖 4　實驗接線圖

　　如圖 4 所示，將光敏電阻與電阻串聯，它們共用的腳位與 UNO 主機板的 A0 腳位相連。LED 與電阻串聯後，正極接 UNO 主機板的 2 號腳位，負極接麵包板下橫窄條的負極。掃描二維碼，查看電路連接過程。工作時，當光敏電阻的輸出值大於程式設定值時，LED 燈點亮，否則，LED 燈熄滅。

（2）程式碼編寫

　　在程式中，利用 analogRead() 函式讀取光敏電阻的阻值信號，然後利用序列埠監視器查看光敏電阻的阻值信號輸出，這樣就可以精確地知道光敏電阻值的改變。

```
// 定義部分
#define GM A0
#define LED 2
int val;                     // 定義 int 型變數用於儲存讀取的 GM 信號值
// 初始化部分
void setup()
{
  Serial.begin(9600);
```

```
  pinMode(GM,INPUT);
}
// 主函式部分
void loop()
{
  val=analogRead(GM); // 利用函式 analogRead() 讀取 GM 腳位的信號值即光敏電阻的阻值
  if(val>800)
  {
    digitalWrite(LED,HIGH);
  }
  else
  {
    digitalWrite(LED,LOW);
  }
  Serial.println(val);
  delay(1000);
}
```

定義部分定義了用到的類比腳位 A0,2 號腳位和 int 型變數 val。初始化部分對腳位 GM 和序列埠函式進行初始化。

主函式部分首先利用 analogRead() 函式讀取 GM 腳位的信號值，接著利用 if⋯else⋯ 函式對信號值作出判斷，決定是否點亮 LED，最後利用 Serial.println() 函式將讀取的數值在監看視窗輸出。

（3）測試

將程式碼輸入 Arduino 的程式設計環境中進行編譯，編譯成功後將程式碼上傳至 UNO 主機板，打開監看視窗。利用遮擋物遮住光敏電阻，保持一段時間後移開遮擋物，觀察 LED 點亮和熄滅狀態及監看視窗中數值的變化。掃描二維碼，查看實驗效果。

▌圖 5　實驗效果 1

▌圖 6　實驗效果 2

▌圖 7　實驗效果 3

掃一掃

實驗效果

實驗 2：可變電阻控制無源蜂鳴器

無源蜂鳴器需要方波信號驅動才能發出聲音，改變方波的頻率能改變無源蜂鳴器發出的聲音。實驗通過可變電阻調節方波的頻率，改變無源蜂鳴器發出的聲音頻率，明了解無源蜂鳴器發聲的原理。

（1）電路連接

　　如圖 8 所示，將可變電阻的 5V 腳位與 UNO 主機板的 5V 腳位相連，可變電阻的 GND 腳位接麵包板的下橫窄條，再通過導線與 UNO 主機板的 GND 腳位相連。可變電阻中間腳位接在 UNO 主機板的 A5 類比腳位，用於 UNO 主機板讀取可變電阻的阻值信號。無源蜂鳴器標有 " + " 的腳位接在 UNO 主機板的 2 號腳位，另一腳位通過麵包板的下橫窄條與 UNO 主機板的 GND 腳位相連，2 號腳位用於將 UNO 主機板的驅動信號傳遞給無源蜂鳴器。掃描二維碼，查看電路的連接過程。

無源蜂鳴器

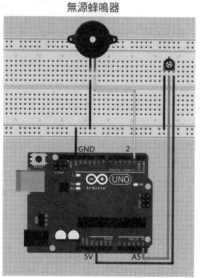

掃一掃

電路連接過程

▌圖 8　實驗接線圖

　　工作時，旋轉可變電阻使之阻值發生變化，驅動無源蜂鳴器的信號頻率也發生變化，無源蜂鳴器發出的聲音就會改變，頻率越高，發出的聲音越尖銳；頻率越低，發出的聲音越低沉。

（2）程式碼編寫

```
// 定義部分
#define Pot A5
#define Buzzer 2
int PotBuffer = 0;                          // 定義變數 PotBuffer 用於儲存可變電阻的阻值
// 初始化部分
void setup()
{
  Serial.begin(9600);
  pinMode(Buzzer,OUTPUT);
  pinMode(Pot,INPUT);
}
// 主函式部分
void loop()
{
  PotBuffer = analogRead(Pot);
  Serial.println(PotBuffer);
  for(int i = 0 ; i < 100 ; i++)
  {
      digitalWrite(Buzzer,HIGH);
      delayMicroseconds(PotBuffer);          // 延遲 PotBuffer us 的時間
      digitalWrite(Buzzer,LOW);
      delayMicroseconds(100);                // 延遲 100us 的時間
  }
  delay(1000);
}
```

定義部分定義了程式需要使用的腳位和變數。初始化部分對腳位和序列埠函式進行初始化。

主函式首先利用 analogRead() 函式讀取 Pot 腳位的值給變數 PotBuffer，再利用序列埠通信的方式在監看視窗輸出 Pot 腳位的電阻信號值。利用 for 迴圈輸出一定頻率的方波，驅動無源蜂鳴器發出聲音。

根據實驗程式碼，從 i=0 到 i=99，迴圈程式塊部分被執行了 100 次。迴圈執行的 100 次，即給 Buzzer 腳位 100 次高電位和 100 次低電位，高低電位構成的方波信號如圖 9 所示。

圖 9　方波信號示意圖

　　一個高電位和一個低電位構成方波信號的一個週期，程式中 for 迴圈程式迴圈了 100 次。因為 delayMicroseconds() 是延遲微秒函式，因此，一個周期中高電位的時長為 PotBuffer us，低電位時長為 100us，所以，每個週期的時長為 (PotBuffer+100)us。旋轉可變電阻改變 PotBuffer 的值，輸出方波的頻率也隨之改變。由於無源蜂鳴器發出的聲音是由頻率決定的，頻率改變，無源蜂鳴器的聲音也會發生改變。PotBuffer 的值越大，週期越大，頻率越小，無源蜂鳴器的聲音越低沉。

（3）測試

　　將程式碼輸入 Arduino 的程式設計環境中進行編譯，編譯成功後將程式碼上傳至 UNO 主機板，打開監看視窗。旋轉可變電阻，傾聽無源蜂鳴器發出的聲音，觀察監看視窗中可變電阻阻值的變化。掃描二維碼，查看實驗效果。

掃一掃

實驗效果

圖 10　實驗效果

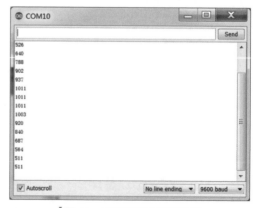

圖 11　序列埠監視器輸出值

4. 詳細設計

用光敏電阻作光控音樂盒"開關",當光敏電阻輸出的類比信號值小於 200 時,播放
聖誕歌,當光敏電阻輸出的類比信號值大於 200 時,停止播放聖誕歌。

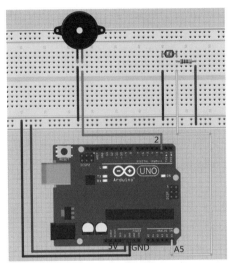

掃
一
掃

電路連接過程

▌圖 12 　詳細設計電路圖

如圖 12 所示,無源蜂鳴器上標有正極符號的一端接入 UNO 主機板的 2 號數字腳位,
另一端接 UNO 主機板的 GND 腳位。光敏電阻和電阻串聯後兩端分別接 UNO 主機板的
5V 腳位和 GND 腳位,光敏電阻和電阻腳位接合部分接 UNO 主機板的 A5 類比腳位,用
於將光敏電阻的阻值信號傳入 UNO 主機板。掃描二維碼,查看電路連接過程。

當環境的光線變強,光敏電阻的值變小,光敏電阻的阻值信號通過 A5 腳位進入 UNO
主機板。當阻值小於程式設定的值時,UNO 主機板內的程式通過 2 號腳位驅動無源蜂鳴
器播放音樂。當光線變弱,光敏電阻的阻值變到大於程式設定的值時,UNO 主機板通過
2 號腳位驅動無源蜂鳴器停止播放音樂。

5. 原型開發

（1）程式碼編寫

　　程式碼中將讀取光敏電阻輸出的類比信號值，並對信號值作出判斷。當類比信號值小於 200，無源蜂鳴器開始播放音樂。

```
// 定義部分
// 列出全部 D 調的頻率
#define D0 -1
……// 省略
#define H7 1971
// 列出所有節拍
#define WHOLE 1
#define HALF 0.5
#define QUARTER 0.25
#define EIGHTH 0.25
#define SIXTEENTH 0.625
// 根據簡譜列出各頻率
int tune[]=
{
M5,
M5,M3,M2,M1,M5,M5,M5,
……// 省略
M3,M2,M2,M1,M2,M5
};
// 根據簡譜列出各節拍
float durt[]=
{
0.5,
0.5,0.5,0.5,0.5,1+0.5,0.25,0.25,
……// 省略
0.5,0.5,0.5,0.5,0.5,1+0.5
};
#define GM A5
int Buzzer=2;
int num;
```

```
int length;
// 初始化部分
void setup()
{
  Serial.begin(9600);
  pinMode(Buzzer,OUTPUT);
  pinMode(GM,INPUT);
  length=sizeof(tune)/sizeof(tune[0]);        // 計算出歌曲中有多少個音符
}
// 主函式部分
void loop()
{
  num=analogRead(GM);
  Serial.print("Merry Christmas!");           // 在監看視窗輸出 Merry Christmas!
  Serial.println(num);
// 當類比信號值小於 200 時 執行 for() 迴圈 播放聖誕歌曲
  if(num<200)
  {for(int x=0;x < length;x++)
    {num=analogRead(GM);
      if(num<200)                             // 播放音樂時, 判斷類比信號值是否小於 200
      {
        tone(Buzzer,tune[x]);                 // 如果小於 200, 播放聖誕歌曲
        delay(500*durt[x]);                   // 延遲的時間是音符的節拍
      }
      else                                    // 如果不小於 200, 停止播放聖誕歌曲
      {
        noTone(Buzzer);
      }
    }
  }
  else
  {noTone(Buzzer);                            // 類比信號值大於或等於 200, 不播放聖誕歌曲
  }
  delay(500);
}
```

選取《鈴兒響叮噹》這首聖誕歌曲。定義部分對 D 調頻率和節拍進行定義，並對腳位和變數進行定義。同時定義了一個 int 類型的陣列 tune[]，用於儲存歌曲的頻率；一個 float 類型的陣列用於儲存歌曲的節拍。程式碼中定義了兩個陣列，根據儲存的資料類型，一個為 int 型，一個為 float 型。在定義時，採用直接為陣列元素數值的方式，省略了定義時陣列的下標。其中陣列 tune 中儲存的是歌曲中每一個音符的頻率，陣列 durt 中儲存的是每一個音符的節拍，節拍是指音符頻率持續的時間。

初始化部分對序列埠和用到的腳位進行定義，並計算出 tune[] 陣列中每個音符的長度。

> sizeof() 函式，顧名思義，sizeof() 長度符簡單地說是確定一個物件類型所占的記憶體位元組數。
>
> 例如，一個 int 型的變數 b，那麼 sizeof(b) 的值就是為 2，因為在 C 語言中，int 占兩個字節。程式碼中的 sizeof(tune) 代表求出 tune 數組占的字節數，sizeof(tune[0]) 代表 tune 陣列中一個元素占的位元組數。這裡需要注意的是位元組數的多少只和語言類型、資料類型相關。這樣便能計算出 tune 陣列中音符的個數。

主函式中，首先利用 analogRead() 函式讀取 A5 類比腳位的值，利用序列埠輸出 "Merry Christmas!" 和類比信號值。利用 if…else… 程式判斷類比信號值是否小於 200（這個數值要根據周圍的環境光條件自行設置），如果大於等於 200，那麼執行 else 程式裡的 noTone() 函式。

> noTone(pin)
>
> noTone() 函式只有一個參數，pin 是指接有無源蜂鳴器的腳位。它的作用是讓無源蜂鳴器停止發聲。在程式碼中，當光敏電阻的信號值大於等於 200 時，執行 noTone(Buzzer) 函式，使無源蜂鳴器不發聲。然後程式碼跳出 if…else… 程式去執行 if…else… 之外的 delay(500)；程式。

若信號值小於 200 執行 for 迴圈程式。For 迴圈程式在執行時，首先再次讀取 A5 腳位的數值，並判斷 A5 腳位的數值與 200 的關係。若值大於等於 200，就執行 else 程式中的 noTone(Buzzer) 函式。之前已經判斷過 A5 的腳位值，為什麼還要讀取判斷呢？這是因為進入 for 迴圈後，開始播放音樂，如果在播放音樂過程中，光敏電阻的信號值發生改變，那麼無源蜂鳴器就會立即停止播放音樂。

若讀取的腳位值小於 200，就執行 tone(Buzzer，tune[x]) 函式，播放 tune 陣列中的第 x 個音符。

背景知識

tone(pin,frequency)

tone() 函式有兩個參數，其中 pin 是指接有無源蜂鳴器的腳位，frequency 是指無源蜂鳴器發出聲音的頻率。它的作用是驅動無源蜂鳴器發出頻率為 frequency 的聲音。

程式碼中，tone(Buzzer,tune[x]) 函式，驅動接在 Buzzer 腳位的無源蜂鳴器，播放數組 tune 中第 x 個音符的頻率。對於數組 tune 和 durt 是一一對應的，tune[0] 對應 durt[0],tune[x] 對應 durt[x]。tune[x] 儲存的是音符的頻率，而 durt[x] 儲存的是音符的節拍，音符的節拍就是指這個音符的發聲應該持續多久。所以利用 tone() 函式播放一個音符的頻率時，還要附帶延長這個音符的節拍的時間。因此在 tone(Buzzer,tune[x]) 函式後，要加上 delay(500*durt[x]); 程式，這裡的 500 是調整值，用來調節節拍使用，不同的歌曲有所不同，可以根據自己歌曲的情況來調整這個數值。就這樣按照陣列 tune 和 durt 中已經設定好的數值，利用 for 迴圈依次播放陣列中的每一個音符。

（2）測試

將程式碼輸入 Arduino 的程式設計環境中進行編譯，編譯成功後將程式碼上傳至 UNO 主機板。有光線照射時，無源蜂鳴器開始播放音樂，利用遮擋物擋住照射到光敏電阻的光線，無源蜂鳴器停止播放音樂。掃描二維碼，查看實驗效果。

掃一掃

實驗效果

▎圖 13　實驗效果

只要改變程式碼中的音符，就可以播放任意一首樂曲，若有興趣，可以嘗試更換一首樂曲。

掃一掃

本節程式碼

3.4 溫控調速風扇

1. 設想

風扇是夏天的必備家電。你能否對現有的風扇進行改造，讓風扇的轉速隨著溫度的變化而變化。溫度升高，風扇的轉速變快；溫度降低，風扇的轉速變慢。

2. 初步設計

初步設計的電路圖如下圖所示。溫度感測器輸出的類比信號值隨著溫度的改變發生改變，使 UNO 主機板輸出給馬達的 PWM 信號發生改變，馬達（風扇）的轉速隨之發生改變。

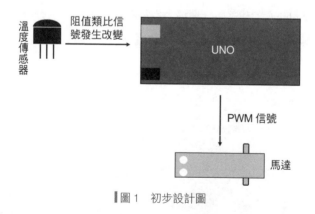

▌圖 1　初步設計圖

馬達，通過電磁感應帶動轉子旋轉，通過轉子上的軸輸出動力。馬達靠電壓進行驅動，只要給它的兩端加上電壓，就會轉動。

▌圖 2　馬達實物圖

L298N 驅動板是一種整合的馬達驅動，通過它可以對馬達的旋轉速度和方向進行控制。可在 L298N 驅動板上取電 +5V 電壓，工作電流為 0~36mA，最大功耗為 20W。不同型號的 L298N 驅動板上的腳位數量不同，但腳位的功能是相同的。L298N 上的主要腳位如圖 4 所示。

▌圖 3　L298N 驅動板的實物圖

▌圖 4 L298N 驅動板的腳位示意圖

- **ENA,ENB**：通過 PWM 信號控制馬達的轉速，PWM 數值越大，馬達的轉速越快。

- **IN1-IN4**：用於控制馬達旋轉方向。其中 IN1 和 IN2 控制 MOTORA，IN3 和 IN4 控制 MOTORB。如果給 IN1 高電位，IN2 低電位，馬達正轉；給 IN1 低電位，IN2 高電位，則馬達反轉；給相同的電位值，馬達停止轉動。

- **MOTORA 和 MOTORB**：用於連接馬達的兩個腳位。

- **VMS 和 GND**：用於為 L298 驅動板供電，VMS 接電源的正極，GND 接電源的負極。

Tips 不同的 L298N 驅動板的 ENA 和 ENB 會有所不同。有的 L298N 驅動板的 ENA 和 ENB 腳位會有兩根腳位針,當利用跳線帽 ENA 和 ENB 罩住時,代表致能的意思。如果利用跳線帽將 ENA 兩個腳位罩住,再給 IN1,IN2 不同的電位值,那麼馬達將以最高的速度旋轉,且不能對馬達進行調速。如果想要對 IN1 和 IN2 腳位控制的馬達調速,要將 ENA 的跳線帽摘掉,然後接 ENA 靠外的那根腳位。

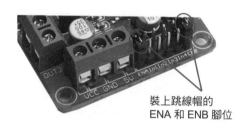

裝上跳線帽的
ENA 和 ENB 腳位

▌圖 5　L298N 驅動板　　　　　　　　▌圖 6　跳線帽

3. 實驗驗證

實驗 1:L298N 控制馬達的正轉和反轉

　　雖然只要給馬達接上電源,馬達就可以轉動,但是,在實際應用中常常需要控制馬達轉動的速度和方向,此時就要用到 L298N 驅動板。首先嘗試使用 L298N 驅動板控制馬達轉動的方向。

(1) 電路連接

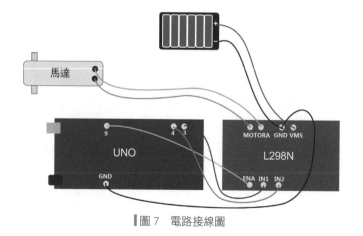

掃一掃

電路連接過程

▌圖 7　電路接線圖

如圖 7 所示，將零組件進行連接。L298N 的 ENA 接 UNO 的 9 號腳位，IN1 和 IN2 接 UNO 主機板的 3 號和 4 號腳位。IN1 和 IN2 兩個腳位對應控制 L298 驅動板上的 MOTOR A 腳位，MOTOR A 的兩個腳位驅動馬達旋轉。L298N 驅動板的 VMS 和 GND 腳位與電源的正極和負極相連，UNO 主機板的 GND 腳位連接 L298N 驅動板的 GND 腳位，兩者共地。掃描二維碼，查看電路連接過程。如果給 IN1 腳位高電位，IN2 腳位低電位，馬達會朝一個方向轉動；如果給 IN1 低電位，IN2 高電位，馬達就會朝相反方向轉動。

Tips 大多數型號的 L298N 都要與 UNO 主機板共地才能令馬達旋轉。所謂共地就是把 L298N 和 UNO 的 GND 用導線連接起來。只有共地之後，L298N 才能判別 ENA、IN1、IN2 電壓的高低。如果 L298N 和 UNO 主機板都由電池盒供電，則兩者已經共地，不用再另接共地線。

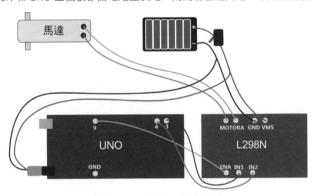

圖 8　不共地電路接線圖

（2）程式碼編寫

```
// 定義部分
#define IN1 3
#define IN2 4
#define ENA 9
// 初始化部分
void setup()
{
  pinMode(IN1,OUTPUT);
  pinMode(IN2,OUTPUT);
  pinMode(ENA,OUTPUT);
```

```
  digitalWrite(ENA,HIGH);
}
// 主函式部分
void loop()
{
  for(int i=200;i<240;i++)                // 馬達的速度越來越快
  {
    digitalWrite(IN1,HIGH);
    digitalWrite(IN2,LOW);
    digitalWrite(ENA,i);
  }
  delay(3000);
  digitalWrite(IN1,LOW);
  digitalWrite(IN2,LOW);
  delay(2000);                            // 馬達停止旋轉 2 秒
  digitalWrite(IN1,HIGH);                 // 馬達向正方向轉動 5 秒
  digitalWrite(IN2,LOW);
  delay(5000);
  digitalWrite(IN1,LOW);
  digitalWrite(IN2,LOW);
  delay(2000);                            // 馬達停止旋轉 2 秒
  digitalWrite(IN1,LOW);
  digitalWrite(IN2,HIGH);                 // 馬達向相反的方向轉動 5 秒
  delay(5000);
  digitalWrite(IN1,LOW);
  digitalWrite(IN2,LOW);
  delay(2000);                            // 馬達停止旋轉 2 秒
}
```

定義部分定義了實驗用到的腳位，初始化部分對這些腳位進行初始化。

主函式部分首先利用 for() 迴圈為 ENA 腳位數值，改變馬達旋轉速度，再讓馬達停止旋轉 2 秒；接著給 IN1 高電位，IN2 低電位，讓馬達正方向旋轉 5 秒，停止旋轉 2 秒；接著給 IN1 低電位，IN2 高電位，讓馬達反方向旋轉 5 秒，停止旋轉 2 秒。

（3）測試

在馬達上粘上一個紙片，將程式碼輸入 Arduino 的程式設計環境中進行編譯，編譯成功後將程式碼上傳至 UNO 主機板。可以看到馬達上的紙片先是向一個方向旋轉，速度越來越大，然後停止旋轉 2 秒，接著馬達朝一個方向旋轉 5 秒，停止 2 秒後，再向反方向旋轉 5 秒，停止 2 秒。掃描二維碼查看實驗效果。

掃一掃

實驗效果

▌圖 9　實驗效果圖

實驗 2：溫度感測器測溫度

請參考第二章 "液晶 LCD 顯示文字" 的實驗 1。

4. 詳細設計

溫度感測器能夠感受環境溫度變化，並將溫度變化的信號傳遞給 UNO 主機板，UNO 主板對信號處理後，利用 map() 函式對不同溫度下的類比信號、數位信號進行映射，使馬達的轉速隨溫度值的變化而變化。

如圖 10 所示,將零組件接入電路。其中 L298 的 ENA 腳位與 UNO 主機板的 9 號 PWM 腳位相連。9 號腳位輸出 PWM 信號控制 IN1 和 IN2,而 IN1 和 IN2 控制 MOTOR A 腳位,這樣的電路使得 PWM 信號能夠控制馬達的轉速。

掃描二維碼,查看電路連接過程。

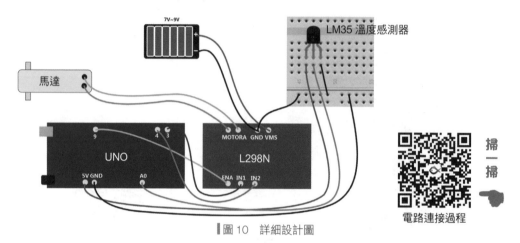

圖 10　詳細設計圖

5. 原型開發

(1) 程式碼編寫

工作時,環境溫度發生變化,A0 腳位讀取的類比值也發生變化,信號經過 UNO 主板 的處理,通過 9 號腳位傳遞給 L298 驅動板的 ENA 腳位,進而改變馬達的轉速。

```
// 定義部分
#define IN1 3
#define IN2 4
#define ENA 9
#define LM A0
int   val=0;            // 用於儲存讀取出的 LM35 的類比信號值
float temp=0;           // 用於儲存計算出的溫度值
float speed=0;
// 初始化部分
void setup()
```

```
{
  pinMode(IN1,OUTPUT);
  pinMode(IN2,OUTPUT);
  pinMode(ENA,OUTPUT);
  digitalWrite(IN1,LOW);
  digitalWrite(IN2,HIGH);              // 為控制馬達的兩個腳位分別寫上電位值
  Serial.begin(9600);
}
// 主函式部分
void loop()
{
  val=analogRead(LM);                  // 讀取 A0 腳位的類比值
  temp= val * 0.48876;                 // 將讀取的類比值 val 換算成溫度值
  Serial.println(temp);
  if(temp<25)
  {
    digitalWrite(IN1,LOW);
    digitalWrite(IN2,LOW);       // 當溫度值小於 25 度時，給 IN1 和 IN2 低電位，馬達不轉動
  }
  else if(temp>=25)
  {
    val=map(temp,26,31,30,200);        // 利用 map() 函式對 LM35 信號值進行映射
    analogWrite(ENA,val);     // 當溫度值大於 25 度，馬達的轉速開始隨著溫度的升高而加快
    digitalWrite(IN1,HIGH);
    digitalWrite(IN2,LOW);
  }
}
```

定義部分對用到的腳位和變數進行定義，初始化部分對用到的腳位進行初始化。

在主函式中，先利用 analogRead() 函式讀取類比腳位 A0 的值，計算出溫度值，並在監看視窗中進行輸出。再利用 if…else if…分支程式將不同溫度值下馬達的轉動情況進行輸出。

```
if( 條件 1)
{
程式塊 1
}
else if( 條件 2)
{
程式塊 2
}
……
else if( 條件 n)
{
程式塊 n
}
```

if…else if…程式是分支程式，它可以解釋為 "當條件滿足 '條件 1' 執行 '程式塊 1'，當不滿足 '條件 1' 但滿足 '條件 2' 執行 '程式塊 2'……"。而之前學習的 if…else…程式則表示的是 "如果滿足 if 後的條件，將執行 if 後的 程式塊，否則其他條件將執行 else 後的程式塊"。

程式碼執行至 if 時，首先執行小括弧後的內容，比較計算出的溫度值 temp 與 25 之間的關係，若 temp 的值小於 25，給 IN1 和 IN2 低電位。這就是計算出的溫度值小於 25°，馬達不轉動。

如果 temp 的值大於等於 25°，不滿足 if 的條件，根據程式碼循序執行的原則，則執行 else if 程式。在 else if 的程式塊部分，首先利用 map() 函式得到映射後的 val 的值（有關 map() 函式的內容參考 "PWM 調光實驗"）。在 map() 函式中，第一個參數是需要被映射的值 val，第二和第三個參數是環境中的溫度變化範圍，第四和第五個值是設置的數位信號的變化範圍。最後將映射後的值寫入 ENA 腳位中，改變馬達的轉速。

（2）測試

在馬達的轉動軸上安裝一個小風扇片，或者固定一個自制小風扇如圖 11 所示。然後，將程式碼輸入 Arduino 的程式設計環境中進行編譯，編譯成功後將程式碼上傳至 UNO 主機板。打開監看視窗，用手輕輕按住 LM35 溫度感測器，觀察監看視窗的數值變化，並觀察風扇片的轉動速度。如果馬達不轉，請檢查 L298N 驅動板和 UNO 主機板是否已共地。掃描二維碼，查看實驗效果。

掃一掃

實驗效果

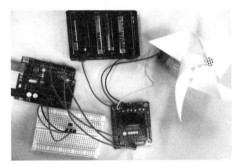

▌圖 11　實驗效果

▌圖 12　監看視窗輸出資料

溫控風扇通過溫度的值控制風扇的轉速，但是，在實際實驗的時候，自然環境下溫度的變化量比較小，很難區分風扇的轉速有沒有發生改變。所以，在測試溫控風扇的時候，可以臨時給程式中的溫度數值。例如，先給 temp 數值 20，接著數值 30，最後數值 36，觀察風扇轉速的變化。

掃一掃

本節程式碼

3.5 自行車速度里程儀

1. 設想

　　駕駛汽車時，查看汽車的儀錶板可以知道汽車行駛的速度和行駛里程。你是否也想知道自己騎車的速度是多少呢？然而，自行車上沒有這樣的裝置，不過，你可以嘗試為自己的自行車製作一個速度里程儀，瞭解騎行的速度和路程。

2. 初步設計

　　測試騎行的速度和路程的關鍵是獲得車輪轉動的圈數。因為車輪的周長是固定的，所以只要周長乘以圈數就能得到里程。整理收集資料時得知，霍爾感測器配合磁鐵可用來感知車輪的轉動。因此，速度里程儀的設計思路是用 Arduino 記錄轉動的圈數，再將圈數轉換為里程數和速度，並顯示在 LCD 顯示器上。

　　從總體上分析，儀器的製作需要四個主要元件：UNO 主機板、霍爾感測器模組、磁鐵、LCD 顯示器。

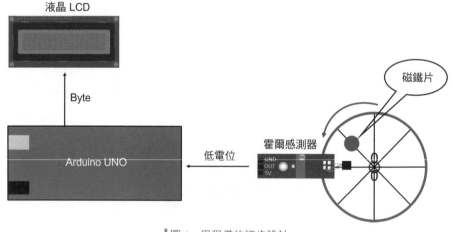

▌圖 1　里程儀的初步設計

霍爾感測器是根據霍爾效應製作的一種磁場傳感器，廣泛用於馬達測速，位置檢測等場合。它能感受磁場的變化，磁場越強，電壓越高，磁場越弱，電壓越低。它的工作電壓為5V，有三個腳位，分別為 5V、GND 和 OUT。其中 OUT 用於輸出電位信號。霍爾感測器感應到磁場時，OUT 腳位輸出低電位；沒有感應到磁場，則輸出高電位。基於這些特徵，它常常被用於馬達測速、位置檢測等場合。

磁感應接收頭

▌圖 2　霍爾感測器

將磁鐵固定在自行車車輪輻條上，車輪帶動磁鐵轉動，當磁鐵靠近霍爾感測器的磁感應接收頭時，霍爾感測器模組輸出低電位。UNO 主機板接收到霍爾感測器輸出的低電位信號時，引發中斷，然後對自行車行駛的速度和路程進行計算，將計算出的數值傳輸給LCD 顯示幕，自行車的速度和行駛路程便在 LCD 顯示器上顯示出來。

3. 實驗驗證

實驗 1：霍爾感測器檢測

本實驗的目的是記錄磁鐵靠近霍爾感測器的次數，並在序列埠窗中顯示出來。

（1）電路連接

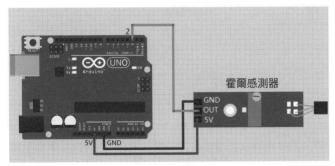

掃一掃

電路連接過程

▌圖 3　實驗連線圖

電路的連接如圖 3 所示。當有磁鐵經過霍爾感測器時，霍爾感測器感受到磁場的變化，通過 OUT 腳位輸出一個低電位給 UNO 主機板，UNO 主機板接收低電位信號並記錄接收到的次數，最後將次數在序列埠監視器中輸出。掃描二維碼，查看電路連接過程。

（2）程式碼編寫

```
// 定義部分
int count=0;
#define hallPin 2
volatile int state=LOW;
// 初始化部分
void setup() {
 Serial.begin(9600);                    // 初始化序列埠輸出
 pinMode(hallPin,INPUT_PULLUP);         // 初始化 hallPin 腳位模式為上升電阻的模式
 attachInterrupt(0,ChangeState,FALLING);    // 設置電位負緣觸發中斷
}
// 主函式部分
void loop()
{
  if(state==HIGH)
  {
   state=LOW;                // 將 state 的值設置為 LOW，記錄是否發生下一次中斷
   count++;                  // 記錄磁鐵是第幾次經過霍爾感測器
   Serial.println(count);    // 在序列埠監視器中列印"1"，表示有磁鐵經過
  }
}
// 中斷服務函式 ChangeState()
void ChangeState()
{
state=HIGH;                  // 當有中斷發生，給 state 的值為 HIGH
}
```

　　當程式運行到初始化部分時，如果霍爾感測器感受到磁場的變化，它的 OUT 腳位輸出一個低電位給 UNO 主機板，將觸發執行初始化部分的 attachInterrupt() 函式（具體使用可以參考基礎實驗中的 "震動警報器"），引發中斷。執行中斷服務函式 ChangeState()。在中斷服務函式 ChangeState() 中，給 state 變數數值 HIGH。

然後執行主函式 loop()，利用 if() 判斷 state 的值是否為 HIGH。若 state 的值為 HIGH，則先將 state 的值置為 LOW，去記錄下一次的中斷，此時 count 的值進行增加 1，並在序列埠監視器中輸出 count 值。

（3）測試

根據電路圖連接電路，並對程式碼進行驗證。驗證成功後，將程式碼上傳至 UNO 主機板。打開監看視窗，將磁鐵來回在霍爾感測器下方擺動，監看視窗上就輸出磁鐵經過霍爾傳感器的次數。掃描二維碼，查看測試效果。

掃一掃

實驗效果

┃圖 4　霍爾感測器實驗結果

4. 詳細設計

自行車速度里程儀的電路連接圖如圖 5 所示，首先，將液晶 LCD 與 UNO 主機板進行連接，其中液晶 LCD 的腳位分別與 UNO 主機板的 3、4、5、6、11、12 等腳位相連，液晶 LCD 腳位的使用方法，參考第二章中的"液晶 LCD 顯示文字"。接著，將霍爾感測器與 UNO 主機板相連，霍爾感測器的 5V 腳位、GND 腳位分別通過麵包板與 UNO 主機板的 5V 腳位和 GND 腳位相連，OUT 腳位與 UNO 主機板的 2 號腳位相連。掃描二維碼，查看電路連接過程。

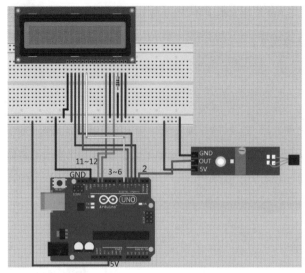

掃一掃

電路連接過程

▌圖 5　自行車里程儀詳細設計連線圖

　　自行車速度里程儀工作時，當車輪上的磁鐵經過霍爾感測器的探頭，OUT 腳位會輸出一個低電位值。UNO 主機板接收到低電位信號後，得知車輪又旋轉了一圈，從而計算出自行車行駛過的距離和當前的速度值。

5. 原型開發

（1）程式碼編寫

```
// 定義部分
#include <LiquidCrystal.h>    // 運用 LCD 函式庫 LiquidCrystal
int hallPin=2;
volatile int state=LOW;
long count;          // 記錄自行車車輪旋轉的次數，由於該數值較大，所以選用 long 類型的
// 變數來儲存，它是以帶符號的 64 位元整數形式儲存，最大值為 2^64
LiquidCrystal lcd(12, 11, 6,5, 4, 3);    // 創建 LiquidCrystal 物件 lcd,lcd 使用
// 腳位 12 11 6 5 4 3
float radius=0.25;      // 自行車車輪的半徑
long distance;          // 儲存自行車行駛的距離值
```

```
long prevMillis;                        // 儲存上一個時間點的值
// 初始化部分
void setup() {
  pinMode(hallPin,INPUT_PULLUP);        // 設置 hallPin 腳位的模式為提升電阻的模式
  Serial.begin(9600);                   // 初始化序列埠輸出
  attachInterrupt(0,ChangeState,FALLING);   // 設置中斷
  count=0;

  lcd.begin(16, 2);                     // 初始化 LCD 液晶顯示幕
  lcd.setCursor(0, 0);                  // 設置 LCD 輸出的起始位置
  lcd.print("D:0m");                    // 利用 print() 函式輸出 "D:0m"
  distance = 0;
  prevMillis = 0;
}
// 中斷服務函式 ChangeState()
void ChangeState()
{
  state=HIGH;                           // 有中斷發生 將 state 的值變為 HIGH
}
// 主函式部分
void loop() {
  if(state==HIGH)                       // 如果 state 的值為 HIGH
  {
    count++;                            // 車輪旋轉的次數增加
    state=LOW;                          // 設置 state 初始值為 LOW
    distance = (long)(3.14*radius*2*count);     // 計算出距離值 distance
    lcd.clear();                        // 清除之前在 LCD 液晶顯示幕上顯示的資料
    lcd.setCursor(0, 0);                // 定位 LCD 輸出資料的起始位置
    lcd.print("D:" + String(distance)+"m");     // 輸出距離值
    lcd.setCursor(0, 1);                // 定位 LCD 輸出資料的起始位置
    lcd.print("S:" + String(3.14*radius*2*3.6/((millis()-prevMillis)
/1000.0))+"km/h");
// 輸出當前的速度值, millis() 函式獲取以毫秒為單位的當前時間
    prevMillis = millis();             // 將當前的時間值存入 preMillis 中
```

```
  }
  else
  {
    if (millis() - prevMillis > 5000)      // 如果當前的時間值與前一次的差值大於 5s
    {
      lcd.setCursor(1, 1);                          // 將 LCD 的輸出位置移至第二行
      lcd.print("S:0km/h ");                        // 輸出當前的速度值
    }
  }
}
```

由於製作自行車速度里程儀需要使用液晶 LCD，因此，在程式碼的開頭需要運用庫函式 LiquidCrystal。在初始化部分創建一個 LiquidCrystal 類型的物件 lcd。

在初始化部分對用到的 UNO 主機板的腳位、序列埠通信和 LCD 進行初始化，同時設置中斷函式 attachInterrupt()。當 2 號腳位的電位值由高電位向低電位轉換時，觸發函式 ChangeState()。ChangeState() 函式是中斷服務函式，執行 ChangeState() 函式，將 state 的值改變為 HIGH。

當 state 的值為 HIGH 時，執行主函式 loop()。在主函式 loop() 中，首先利用 if() 函式判斷 state 的值，如果 state 的值為 HIGH，則讓 count 增加 1，記錄車輪上磁鐵經過霍爾傳感器的次數，即車輪轉動的圈數；接著計算出行駛的距離值 distance 和當前的速度值，利用 lcd.print() 函式將距離值和速度值在液晶 LCD 顯示幕上輸出，其中 millis() 函式可以獲取以毫秒為單位的當前的時間；最後將當前的時間值存入 prevMillis 中。

如果 state 的值為 LOW，則要利用 if() 函式判斷當前的時間值與上一個時間值之間的關係，如果兩個時間的差值大於 5000 毫秒，也就是說在 5 秒鐘霍爾感測器沒有感受到磁鐵，即車輪在 5 秒內沒有發生轉動，那麼此時速度值應該為零，利用 lcd.print() 函式輸出自行

車的速度值零。

（2）測試

根據電路圖，連接零組件，對霍爾感測器進行固定，為便於實驗，可將一塊磁鐵固定在光碟上，用光碟類比自行車的車輪。對程式碼進行驗證，驗證成功後將程式碼上傳至 UNO 主機板。轉

實驗效果

動光盤，液晶 LCD 上便會顯示距離值和速度值，此外觀察霍爾感測器，可以看到每當磁鐵經過霍爾感測器時，霍爾感測器上的指示燈就會閃亮。掃描二維碼，查看實驗效果。

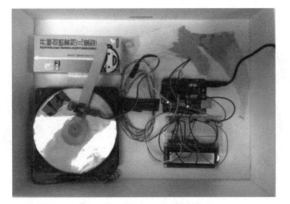

▌圖 6　自行車里程儀原型

▌圖 7　里程和即時速度顯示

6. 安裝與測試

將製作完成的速度里程儀安裝在自行車上。選定自行車之後，需要測量自行車前輪的半徑，並在程式碼中修改 radius 值。

```
float radius=0.25;  // 自行車車輪的半徑
```

本次測試選擇常見的自行車。將霍爾感測器和磁鐵固定在自行車前輪，這裡需要注意的是連接霍爾感測器時，要使用比較長的導線。固定完成後，自行車的前輪如圖 8 所示。將剩餘零組件裝在盒子裡，固定在自行車前方的籃子中，如圖 9 所示。這樣一輛配有速度里程儀的自行車就改裝完成了，如圖 10 所示。掃描二維碼，查看實驗效果。

圖 8　霍爾感測器和磁鐵的安裝

掃一掃

實驗效果

圖 9　里程儀的固定

圖 10　里程儀安裝效果圖

騎行時，只要看一眼籃中的液晶 LCD 顯示幕就能夠知道此時自行車行駛的速度和路程，是不是很有趣？趕緊外出騎行一圈吧！

掃一掃

本節程式碼

本章小結

本章中，製作完成了震動警報器、低頭警報器和光控音樂盒等充滿趣味的 Arduino 微專案，熟悉了如何將一個專案從想法產生到製作完成的全過程，這也是解決複雜問題的過程。從一個初步的想法開始，通過不斷地嘗試、驗證、改進，逐漸形成解決方案，並通過最後的測試，反思問題的解決效果，進而產生新的想法和創意。

 擴展案例

本章共有五個微專案，你能否對自己感興趣的微專案作進一步的思考，在原有專案的基礎上進行再創作。例如，自行車里程儀只記錄了自行車行駛的路程和速度，可以考慮再為它安裝一個警報器，當自行車的速度高於某一設定值時，就會發出警報聲，提示騎車人減慢速度，防止意外發生；或者考慮在自行車上安裝 LED，騎車速度越快，LED 閃爍頻率越高等。

掃一掃

線上交流

如果你製作出好的作品，可以掃描二維碼，上傳到本書的網站，與更多人分享！也可以掃描二維碼，查看他人上傳的作品。

筆記欄

CHAPTER 04

無線資料傳輸

無線資料傳輸可以為 Arduino 專案增加無窮的樂趣,如遙控、遠程探測、感測器組網等。本章將介紹三種無線模組的使用方法,為後續綜合專案的遙控做準備。三種模組分別為:最簡單易用的序列埠資料傳輸模組——APC220、最便宜的 433MHz 模組——433、功能最全的遠距離模組——nRf24L01+。

4.1 序列埠無線傳輸模組

1. 設想

在第二章的序列埠接收資料實驗中,採用的是 USB 資料線向 Arduino 傳輸資料。如果用無線代替有線,讓 Arduino 脫離電腦,就能實現遙控小車等眾多有趣的想法。序列埠無線傳輸模組正是可以替代 USB 資料線的資料傳輸零組件。本節實驗中,將在序列視窗中輸入數位 0~9,利用無線傳輸模組控制馬達的轉速。

2. 初步設計

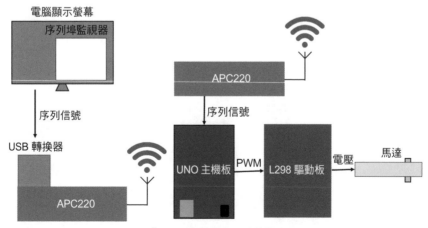

圖 1　無線遙控馬達轉速

　　設計圖的左半部分是控制端，PC 直接連接 APC220，發送字串；右半部分是 UNO 從 APC220 接收字串，轉換為 PWM 信號後控制馬達轉速。

　　APC220 的實物圖如圖 2 所示。APC220 模塊用於遠距離無線傳輸，傳輸距離在 1000~1200 米；經常使用到的序列傳輸速率是 9600 和 19200。APC220 的發射端和接收端可以互換使用。使用 APC220 的好處是在不改變原有程式碼的情況下，只需接上 APC220 模組便可以進行無線傳輸。

APC220

USB 轉換器

▌圖 2　APC220

3. 實驗驗證

實驗 1：L298 驅動板和馬達檢測

　　參考第三章中"溫控調速風扇"的"L298N 控制馬達的正轉和反轉"，對 L298N 驅動板和馬達進行驗證。

實驗 2：APC220 模組檢測

　　本實驗的目的是檢測一對 APC220 是否工作正常。UNO 主機板通過 APC220，每隔 1 秒發送一條字串。同時電腦端通過另一塊 APC220 接收該字串，並將其顯示在螢幕上。

（1）電路連接

掃描二維碼，查看電路連接過程。

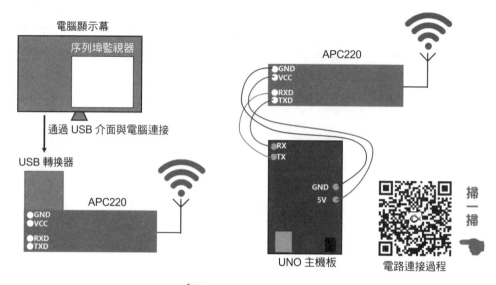

圖 3　APC220 測試電路

電腦端的 APC220 需要通過一個轉換器，才能接到電腦的 USB 介面。APC220 與 USB 轉換器的連接方式如圖 4 所示。另一個 APC220 通過杜邦線與 UNO 主機板相連。

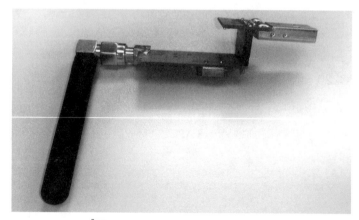

圖 4　APC 與 USB 轉換器的連接方式

注意：APC220 的 RXD 接 UNO 主機板的 TX，TXD 接 UNO 主機板的 RX。

背景知識　電路連接時需要注意，不能捏著 APC220 的表面，最好是捏著它的兩個邊緣。這是因為人體帶靜電可能會對 APC220 造成破壞。除了 APC220，像 UNO 主機板、L298 驅動板等板材，電路連接時最好也都是捏住板材的邊緣。

表面

邊緣

▌圖 5　APC220

（2）程式碼編寫

```
// 初始化部分
void setup() {
  Serial.begin(9600);
}
// 主函式部分
void loop()
{
  Serial.println("Hello!");          // 在序列埠測試視窗顯示"Hello!"
  delay(1000);
}
```

　　測試 APC220 的程式比較簡單，主要是在主函式部分利用 Serial.println() 函式每隔 1 秒在序列埠測試器的窗口輸出一行 "Hello！"

　　上傳程式碼之前必須將 APC220 連接著 UNO 主機板 RX 和 TX 的線拔下，否則會因為序列埠衝突而無法上傳程式碼。

3. 測試

在測試之前要對 APC220 的參數進行設置，保證兩塊 APC220 的參數相同，這樣才能完成無線通訊。掃描二維碼，查看如何配置 APC220。

APC220 配置

實驗結果如圖 6 所示。掃描二維碼，查看實驗結果。

實驗效果

圖 6　實驗結果

背景知識

APC220 鮑率 (Baud Rate)、頻率等參數配置步驟如下：

首先將 APC220 插入 USB 轉換器，並通過電腦的 USB 介面與電腦相連。打開 "USB 設置驅動資料夾"。如果你的電腦系統是 64 位元的，按兩下打開 "CP210xVCPInstaller_x64" 應用程序；如果你的電腦是 32 位的，雙擊打開 "CP210xVCPInstaller_x86" 應用程式。這之後，根據提示安裝 USB 的驅動軟體。

名稱 ▲	修改日期	類型	大小
arm	2017/12/12 上午 09:19	檔案資料夾	
x64	2017/12/12 上午 09:19	檔案資料夾	
x86	2017/12/12 上午 09:19	檔案資料夾	
CP210x_Universal_Windows_Driver_...	2017/11/16 上午 11:42	文字文件	15 KB
CP210xVCPInstaller_x64.exe	2017/11/15 下午 02:41	應用程式	1,026 KB
CP210xVCPInstaller_x86.exe	2017/11/15 下午 02:41	應用程式	903 KB
dpinst.xml	2016/5/31 下午 01:42	XML Document	12 KB
silabser.cat	2017/11/16 上午 11:18	安全性目錄	12 KB
silabser.inf	2017/11/16 上午 11:18	安裝資訊	11 KB
SLAB_License_Agreement_VCP_Win...	2016/4/27 上午 09:26	文字文件	9 KB

▌圖 7

▌圖 8

▌圖 9

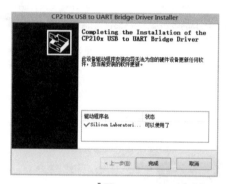

▌圖 10

USB 驅動安裝完畢後，打開 "序列埠測試助手驅動軟體" 資料夾，再打開 "apc220" 資料夾，以管理員身份運行 apc220，如圖 11 所示。

▌圖 11

設置 APC220 的參數，這裡需要選擇 APC220 的 USB 插孔所在的 COM，如圖 12 所示。

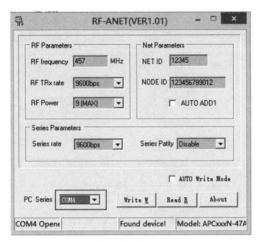

圖 12

選中"我的電腦"，右擊，選擇"管理"，可以看到 APC220 的 USB 插孔所在的 COM 號。需要注意的是不同電腦的 USB 驅動 COM 號，或者同一台電腦不同 USB 插孔的 COM 號，都是不同的。

圖 13

選擇好 COM 號後，要對 APC220 進行參數設置。具體數值如圖 14 所示，設置完成後點擊
"Write W" 將參數寫入 APC220。以同樣的方式設置另一塊 APC220。

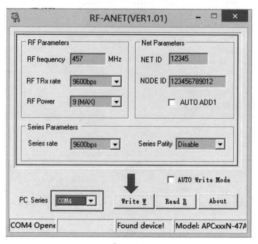

圖 14

利用 USB 資料線將 UNO 主機板與電腦相連，對程式碼進行驗證，驗證後將程式碼上傳至
UNO 主機板，注意上傳前需將 APC220 與 UNO 主機板 TX 和 RX 相連的腳位拔下來，上傳
後再接上。利用 USB 轉換器將另一塊 APC220 接到電腦上。打開檔案 "序列埠測試助手驅
動軟體"，按兩下 "sscom32" 程式。

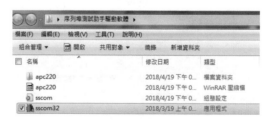

圖 15

選擇序列埠號，該序列埠號就是 APC220 所在的 USB 插孔的 COM 號，點擊 "打開串口 (序列埠)"。這時可以在字串輸入框輸入字元。

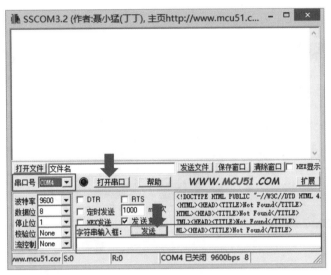

圖 16

除了使用序列埠測試助手進行接收和發送字元，還可以使用 Arduino IDE 的監視視窗接收和發送字元。

圖 17

4. 詳細設計

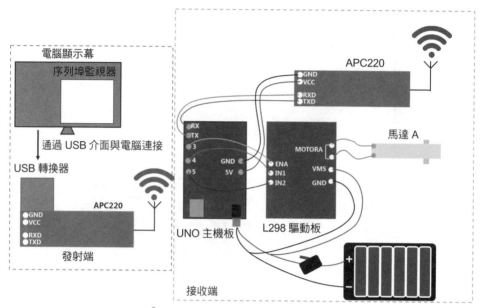

▎圖 18　無線傳輸模組控制馬達轉速

　　作品詳細的電路圖如圖 18 所示。接收端部分，UNO 主板的 3、4、5 號腳位分別與 L298 驅動板的 ENA 腳位、IN1 引腳和 IN2 引腳相連。L298 驅動板的 MOTORA 引腳連接馬達的兩端，VMS 和 GND 腳位分別連接電源的正極和負極。接收端的 APC220 的 TXD、RXD 腳位分別與 UNO 主機板的 RX 和 TX 腳位相連。發射端部分，APC220 通過 USB 轉換器與電腦相連。掃描二維碼，查看電路連接過程。

電路連接過程

　　工作時，在序列埠監視器中輸入數位 0~9，發射端的 APC220 將數字發送出去。接收端的 APC220 接收到數位後轉換為 PWM 信號，作用於 L298 驅動板驅動馬達。輸入數位 0，並按 "Enter" 鍵，馬達不轉動；輸入數位 5，馬達開始轉動。輸入的數位越大，馬達的轉速越快。

5. 原型開發

（1）程式碼編寫

```
// 定義部分
String intString="";
int dir1PinA = 5;                         //Arduino 的 4 和 5 號腳位分別連接 IN1 和 IN2
int dir2PinA = 4;
int speedPinA = 3;                        //Arduino 的 3 號 PWM 輸出腳位連接 ENA
int command=0;                            //Control command
int speedA;                               // 定義速度變數 PWM 輸出範圍為 0 ～ 255
// 初始化部分
void setup() {
  Serial.begin(9600);
  pinMode(dir1PinA, OUTPUT);
  pinMode(dir2PinA, OUTPUT);
  pinMode(speedPinA, OUTPUT);
  speedA = 0;                             // 初始化速度為 0
}
// 主函式部分
void loop()
{
  command=Serial.read();
// 如果讀取到的資料在 0~9 之間，則運用自訂函式 TurnMotor() 驅動馬達旋轉
  if(command>='0'&&command<='9')
  {
    TurnMotor(command);
  }
}
// 自訂函式 TurnMotor()
void TurnMotor(char cmd)
{
  if(cmd=='0')                            // 如果 cmd 的值為 0，那麼馬達停止轉動
  {
```

```
    digitalWrite(dir1PinA, HIGH);
    digitalWrite(dir2PinA, HIGH);
  }
  if(cmd>='1'&&cmd<='9')                    // 如果 cmd 的值在 1~9 之間，馬達轉動
  {
    digitalWrite(dir1PinA, HIGH);
    digitalWrite(dir2PinA, LOW);
    intString+=(char)cmd;
    speedA=map(intString.toInt(),1,9,75,250);
    Serial.println(speedA);
    intString="";
  }
    analogWrite(speedPinA, speedA);          // 輸出 PWM 脈衝到 ENA
  delay(1000);
}
```

在主函式中，首先利用 Serial.read() 讀取輸入的值，將值儲存在變數 command 中；然後通過 if() 函式，判斷輸入的數位是否在 0~9 之間，如果數字在 0~9 之間，程式執行 TurnMotor() 函式，控制馬達的轉動。

在程式碼中出現了一個運算子 "&&"，它是邏輯運算子之一。邏輯運算子主要包含 "&&" "||" "!" 三個，分別簡稱為 "與" "或" "非"，它們主要用於邏輯上的判斷。判斷的結果只有 "真" "假" 兩種情況。

"&&" 運算子的含義相當於 "並且"，只有滿足兩個條件，最後的結果才為 "真"。根據實驗代碼，我們來具體理解 "&&" 運算符的含義：if(command>='0'&&command<='9') 表示 command 的值要滿足大於等於 '0' 的條件，同時，也要滿足小於等於 '9' 的條件，這樣才能執行 if() 函式中的程式。

（2）測試

　　將發射端的 APC220、UNO 主機板與電腦相連，拔掉接收端的 APC220 與 UNO 主機板
TX 和 RX 相連的腳位，然後驗證程式碼並上傳。

　　為了獲得更可視的實驗效果，可在馬達轉軸上粘貼紙片。打開 IDE 的序列埠監視器，
在序列埠監視器中輸入數字 3，可以觀察到馬達開始轉動；輸入數字 8，馬達的轉速變快；
輸入數字 0，馬達停止轉動。掃描二維碼，查看實驗效果。

測試效果

6. 反思

　　本節利用 APC220 無線控制馬達的轉速。APC220 接線簡單，傳輸距離遠（1 千米），
且程式設計方便，易學易用。本書後續的遙控車和遙控船專案都會用到無線傳輸模組。
但 APC220 的價格比較高，如果傳輸距離不是太遠（10~20 米），可以考慮使用其他更便
宜的序列埠傳輸模組，如圖 19。

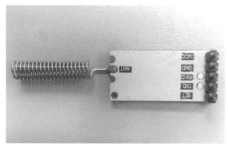

▌圖 19　另一種序列埠無線傳輸模組

本節程式碼

4.2 檢測 433 模組

1. 設想

有時候無線資料傳輸的距離要求只有幾十米，此時使用 APC220 的成本會太高，是否有更便宜些的方案呢？如在發射端轉動一個可變電阻，接收端便顯示出 0~1023 範圍內變動的數字。讓我們一起來嘗試一下吧。

2. 初步設計

從總體上分析，測試實驗的電路由兩個部分組成：發射端和接收端。發射端主要由可變電阻、Arduino UNO 主機板、433 無線發射模組構成；接收端則主要由 Arduino UNO 主機板、433 無線接收模組構成。

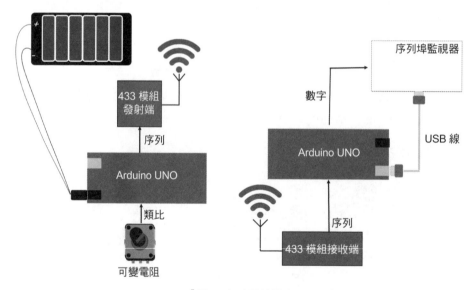

▎圖 1 　初步設計圖

初步設計的電路圖如圖 1 所示，發射端可變電阻、UNO 主機板、433 無線發射模組相連。

433 無線傳輸模組是成對的，其中形狀似正方形的是 433 模組的發射端模組，形狀似長方形的是接收端模組。發射端與接收端的狀態始終相同，即同為高電位或同為低電位。由於 433 無線傳輸模組是一種單向無線傳輸的模組，所以它的發射端模組和接收端模組不能交換使用。

▌圖 2　433 模組

在接收端，只需要 433 的接收端模組與 UNO 主機板相連，再將 UNO 主機板連接到 PC 上。

工作時，旋轉可變電阻的旋轉按鈕，可變電阻輸出的類比信號在 UNO 主機板內轉換為字元串經過 433 發射模組發出。433 的接收模組接收到信號後，將信號傳輸至 UNO 主機板，轉換為字串後在電腦的監看視窗中輸出。

3. 實驗驗證

為保證實驗得以順利進行，實驗開始之前，需要測試發射端用到的可變電阻。可變電阻的實驗檢測參考第二章的 "PWM 調光"。

4. 詳細設計

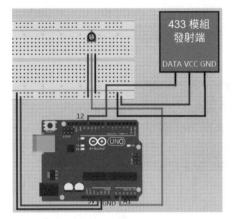
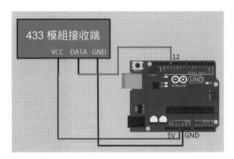

█圖3　433 模組發射端接線圖　　　█圖4　433 模組的接收端接線圖

　　測試 433 無線傳輸模組的實驗電路圖如圖 3 和圖 4 所示。在發射端接線圖中，可變電阻中間信號腳位與 UNO 主機板的 A1 類比腳位相連，剩下的兩個腳位分別通過麵包板與 UNO 主機板的 GND 腳位和 5V 腳位相連。連接 433 模組的發射端時，發射端的 DATA 腳位與 UNO 主機板的 12 號腳位相連，VCC 腳位和 GND 腳位分別通過麵包板與 UNO 主機板的 5V 腳位和 GND 腳位相連。

　　在接收端接線圖中，433 無線傳輸模組接收端的 DATA 腳位與 UNO 主機板的 12 號腳位相連，VCC 腳位和 GND 腳位分別與 UNO 主機板的 5V 腳位和 GND 腳位相連。掃描二維碼，查看 433 模組發射端和接收端電路的連接過程。

掃
一
掃

電路連接過程

　　工作時，旋轉可變電阻，可變電阻輸出的類比信號經過 UNO 主機板轉換成字串，並通過 433 模組的發射端發出，接收端的 433 模組接收到信號後，將信號轉換為字串並在電腦端的監看視窗中輸出。

5. 原型開發

（1）程式碼編寫

433 模組分為發射端和接收端，所以程式碼也分為發射端程式碼和接收端程式碼。

① 發射端程式碼

```
// 定義部分
#include <VirtualWire.h>                // 運用無線傳輸的函式庫 VirtualWire
char buffer[8];                         // 定義 char 型陣列 buffer
int prevousPotVal = 0;                  // 定義 int 型變數 prevousPotVal
// 初始化部分
void setup()
{
  Serial.begin(9600);                   // 初始化序列埠
  Serial.println("setup");              // 輸出"setup"的信號，表示發送端已經就緒
  vw_set_tx_pin(12);                    // 設置 12 號數位腳位為輸出腳位
  vw_set_ptt_inverted(true);
  vw_setup(4000);                       // 每秒鐘傳輸的位元組數
}
// 主函式部分
void loop()
{
  int potVal=analogRead(1);             // 讀取 A1 腳位的信號值
  if (potVal != prevousPotVal)          // 判斷讀取的 A1 腳位值與前一次讀取的是否相同
  {
    String val = String(potVal);        // 將 int 型變數轉化為 String 型並存入 val 中
    val = "P" + val;                    // 為 val 加上標誌量"P"，用於接收端識別資料
    Serial.println(val);
    val.toCharArray(buffer, 8);         // 將 val 轉化為陣列，存入 char 型陣列 buffer 中
    const char *msg = buffer;           // 記錄要傳輸資料的位址 "*"是指標號，說明 msg
儲存的是一個位址 const 修飾的資料類型是常數類型，常數式類型的變數或物件的值是不能被更新的
    digitalWrite(13, true);             // 點亮 13 號腳位控制的板載 LED 表示開始傳輸資料
    vw_send((uint8_t *)msg, strlen(msg));         // 發送資料
```

```
    vw_wait_tx();                     // 等待直至資料傳輸完畢
    digitalWrite(13, false);          // 熄滅板載 LED, 表示資料傳輸結束
    prevousPotVal = potVal;           // 將當前 A1 腳位的信號值存入 prevousPotVal,
供下次比較
  }
  delay(50);
}
```

發射端程式碼的功能是將可變電阻輸出的類比信號轉換為字串,並利用 Virtual Wire 函式將字元串通過 433 模組發送出去。

為了實現上述功能,程式碼首先運用函式庫 VirtualWire,然後對用到的變數進行定義,在初始化部分對 433 模組的基本參數進行設置。

主函式中,首先讀取 A1 類比腳位的信號值,接著利用 if() 函式判斷當前的 A1 腳位的類比值與上一次讀取的值是否相同。如果不同,則將得到的 int 型類比信號值 potVal 轉換為 String 型,並存放至 String 類型的變數 val 中,為 val 添加標誌量 "P",最後利用 vw_send() 函式將轉換後的信號發送出去。

② 接收端程式碼

```
#include <VirtualWire.h>
// 初始化部分
void setup()
{
  Serial.begin(9600);
  Serial.println("setup");
  vw_set_rx_pin(12);
  vw_set_ptt_inverted(true);
  vw_setup(4000);
  vw_rx_start();                    // 開啟, 並工作
}
// 主函式部分
void loop()
```

```
{
  uint8_t buf[VW_MAX_MESSAGE_LEN];
  uint8_t buflen = VW_MAX_MESSAGE_LEN;
  if (vw_get_message(buf, &buflen))    // 判斷是否有資料進入
  {
    int i;
    digitalWrite(13, true);            // 如果進入了有效資料，那麼點亮板載 LED
    Serial.print("Got: ");             // 列印"Got:"
    for (i = 0; i < buflen; i++)
    {
      char c = (buf[i]);
      Serial.print(c);
    }                                  // 輸出資料至電腦的監看視窗
    Serial.println("");
    digitalWrite(13, false);           // 資料接收完畢 熄滅板載 LED
  }
}
```

接收端的任務是接收發射端傳輸的序列信號，將序列信號輸出到電腦的監看視窗。

同理，首先需要運用函式庫 VirtualWire。在初始化部分對 433 的基本參數進行設置。主函式中首先利用 if() 判斷是否有信號進入。若有信號進入，則點亮板載 LED，並在監視視窗列印 "Got"，接著利用 for() 迴圈的形式將接收到的資料在監看視窗逐個輸出。

（2）測試

測試時，首先給 Arduino 軟體安裝 VirtualWire.h 函式。掃描二維碼，下載 VirtualWire.h 函式，並解壓到 Arduino 安裝目錄中的 libraries 資料夾下。然後重新打開 IDE。

下載 VirtualWire.h 程式庫

接下來對發射端、接收端的程式碼進行驗證，驗證成功後將程式碼上傳至 UNO 主機板。為 UNO 主機板接上電源，這樣發射端已經就緒了。接著對接收端的程式碼進行驗證，驗證成功後將程式碼上傳至接收端的 UNO 主機板。打開監看視窗，旋轉可變電阻的旋鈕，觀察監看視窗上資料的變化。此時可以一個人守在電腦前，另一個人帶著連接了 433 模組的發射端，離開接收端一定的距離，觀察並記錄離開的距離為多大時，433 的接收模組無法接收到發射端傳輸的資訊。掃描二維碼，查看實驗效果。

掃
一
掃

實驗效果

圖 5　序列埠監視器輸出值

6. 反思

測試 433 無線傳輸模組的過程中，輕輕轉動可變電阻，電腦端監看視窗的數值會發生改變。經過測試得知，當 433 模組的發射端離接收端的距離大於 100 米時，接收端就無法接收到傳輸的數據。這表明傳輸距離 100 米以內完全可以利用 433 模組進行無線傳輸。一對 433 模組的價格在台幣 200 元左右，較為便宜。因此，在傳輸距離小於 100 米，且只需要單向傳輸的情況下，利用 433 模組進行資料的無線傳輸是一個非常好的選擇。

掃
一
掃

本節程式碼

Tips VirtualWire 和 Servo 函式程式庫有衝突，因為它們都運用了 UNO 主機板內部的 Timer1。換言之，就是它們無法實現同時接收資料和控制伺服馬達轉動。

4.3 人類活動無線探測儀

1. 設想

當有幾個房間需要即時監測裡面是否有人活動時，無線資料傳輸就要採用比點對點更為靈活的方式。如一點對多點、樹狀結構和無中心的 Mesh 網路結構，這時都需要考慮到組網的問題。本節實驗中，我們將使用 nRF24L01+ 無線模組製作一個人類活動無線探測儀。可以把探測儀的發射端放在一個房間內，把帶有指示燈的接收端放在另一個房間內，根據接收端指示燈的亮滅情況來判斷放置發射端的房間內是否有人活動。

2. 初步設計

從總體上考慮，該探測儀可分為兩個部分：發射端和接收端。發射端需要的主要器件有 PIR 人體感應感測器、Arduino UNO 主機板和 nRF24L01+ 無線模組。接收端需要的主要零組件有 Arduino Nano 主機板（作用與 UNO 相同）、nRF24L01+ 和 LED，如圖 1 所示。

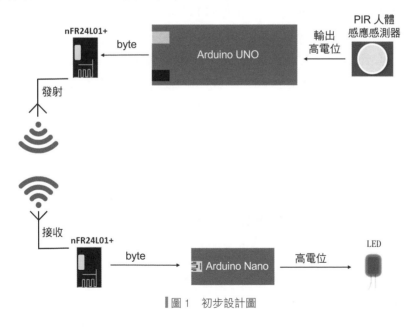

圖 1　初步設計圖

PIR 人體感應感測器是一種可以檢測人體運動的紅外線感測器。如圖 2 所示,感測器上有一個白色半圓形透鏡,它的感應角度小於 100°,感應距離在 7 米以內。

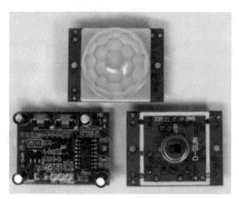

圖 2　PIR 實物圖

根據初步設計的方案,將發射端放在屋子的某個地方。只要感知範圍內有人活動,PIR 的輸出腳位就會產生高電位,否則產生低電位。UNO 主機板每隔一秒檢測一次 PIR 腳位,檢測到低電位時,將 "LOW" 字串傳輸給 nRF24L01+。由 nRF24L01+ 將 "LOW" 字串發射出去。同理,檢測到高電位時,nRF24L01+ 把 "HIGH" 字串發射出去。接收端的 nRF24L01+ 負責接收信號並傳給 Nano,Nano 處理器對接收到的信號進行檢測。檢測到 "HIGH" 字串,就給 LED 腳位高電位,LED 被點亮,說明有人在 PIR 人體感測器感知範圍內活動;檢測到 "LOW" ,就給 LED 的腳位低電位,LED 不亮,說明在 PIR 人體感測器感知範圍內沒有人活動。

3. 實驗驗證

實驗 1:檢測 nRF24L01+ 無線傳輸模組

人類活動無線探測儀需要利用無線傳輸模組對紅外線感測器傳入的資料進行傳輸,為此要使用到無線傳輸模組。本實驗中使用的是一個新的無線傳輸模組 nRF24L01+。

nRF24L01+ 是一種通過 SPI(見第二章的 "SPI 跑馬燈")介面和 MCU(Arduino) 互傳資料的無線資料傳輸模組。它的價格較低,約台幣 50 元左右。最遠傳輸距離可達 2300 米(以最小傳輸速率),最高傳輸速率可達 2Mbps。

▎圖 3　nRF24L01+ 實物圖

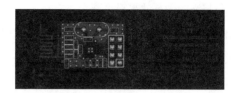

▎圖 4　nRF24L01+ 腳位圖

　　檢測實驗是當在發射端監看視窗輸入一個以 "X" 為結尾的字串時，在接收端監看視窗顯示的是除去字母 "X" 的字串。如在發射端監看視窗輸入 "I Love ArduinoProgrammingX"，在接收端監看視窗就會顯示 "I Love Arduino Programming"。

（1）電路連接

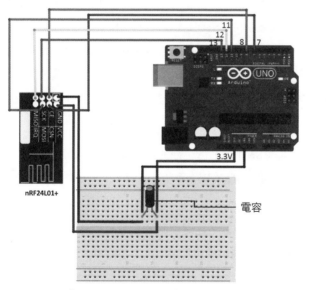

電容

掃一掃

nRF24L01+ 接入方式

▎圖 5　測試 nRF24L01+ 的電路圖

　　測試 nRF24L01+ 模組傳輸資料時，實驗的電路有發射端和接收端兩部分，由於發射端和接收端的電路相同，因此，這裡只提供一張電路圖，如圖 5 所示。nRF24L01+ 模組的 GND 和 VCC 腳位通過電容與 UNO 主機板的 GND 和 3.3V 腳位相連。

連接電路時需要注意以下兩點。

① nRF24L01+ 模塊的 VCC 引腳是與 UNO 主機板的 3.3V 腳位相連，而不是與 5V 腳位相連。因為該無線模組的額定電壓是 3.3V，接 5V 會燒毀零組件，因此需要連接一個電容。

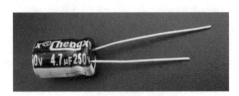

▌圖 6　電容實物圖

② 3.3V 腳位支持的最大的電流比 5V 腳位的 1500mA 要小得多。連接的電容有兩個腳位，如圖 6 所示。長腳位為正極，與 UNO 主機板的 3.3V 和 nRF24L01+ 模組的 VCC 腳位相連；短腳位為負極，與 UNO 主機板的 GND 和 nRF24L01+ 模組的 GND 腳位相連。電容容量範圍應在 1~10μF，本實驗選用 4.7μF 的電容。當 nRF24L01+ 無線傳輸模組發射電波時，瞬間電流可能會超出 UNO 主機板 3.3V 腳位的最大電流，因此，在 nRF24L01+ 模組和 UNO 主機板之間接的電容起到緩衝電流的作用，幫助無線模組正常工作。

如圖 5 所示，nRF24L01+ 模組的 CSN 和 CE 腳位分別與 UNO 主機板的 7 和 8 號腳位相連，MOSI、MISO 和 SCK 腳位分別與 UNO 主機板的 11、12、13 號腳位相連。掃描二維碼，查看 nRF24L01+ 接入電路的方式。

工作時，打開發射端和接收端的監看視窗，在發射端的監看視窗輸入字串，資料由 UNO 主機板處理後，經 nRF24L01+ 無線傳輸模組發射出去，接收端的 nRF24L01+ 模組接收到信號後，在 UNO 主機板內處理，將字串在接收端的監看視窗顯示。

（2）程式碼編寫

① 發射端程式碼

```
// 定義部分
#include <SPI.h>                        // 運用 SPI 函式庫
#include <nRF24L01p.h>                  // 運用 nRF24L01p 函式庫
nRF24L01p transmitter(7,8);            // 創建 nRF24L01p 類型的對象 transmitter
String message;
// 初始化部分
void setup()
{
  delay(150);
  Serial.begin(115200);
  SPI.begin();                          // 初始化序列埠
  SPI.setBitOrder(MSBFIRST);            // 設置傳輸資料的方式為 "高位先傳"
  transmitter.channel(90);
  transmitter.TXaddress("Artur");       // 設定目標位址，接收端也要設定這個位址
  transmitter.init();                   // 初始化發送端
}
// 主函式部分
void loop()
{
  if(Serial.available())                // 判斷是否有資料登錄
  {
    char character=Serial.read();       // 讀取輸入的資料，並存入 character
    if(character=='X')                  // 判斷 character 是否等於 'X'
    {
      Serial.println("transmitting..."+message);    // 在監看視窗列印
      transmitter.txPL(message);                     // 將 message 發射出去
      transmitter.send(SLOW);                        // 設置發射的速率為 SLOW
      message="";                        // 清空變數 message 用於儲存下一個資料
    }
    else
    {
      message+=character;       // 如果沒有遇到字元 'X' 則將讀取的 character 相連後存
入 message 中
```

```
      }
   }
}
```

由於 nRF24L01+ 無線傳輸模組是 SPI 介面的模組，所以在程式碼的定義部分需要運用函式庫 SPI。nRF24L01+ 的底層是一些關於暫存器的操作，如 Byte 資料（8 個 Bit）如何讀入、輸出等。為了方便人們使用 nRF24L01+ 模組，有人寫出了函式程式庫來封裝硬體層面的操作。經過反覆實驗發現 nRF24L01p 函式庫比較可靠，資料不易丟失，因此，在程式碼的開始部分運用了 nRF24L01p 函式庫，並創建物件 transmitter。

主函式部分，首先利用 if() 函式判斷監看視窗是否有資料登錄，如果有，則利用 Serial. read() 讀取數據，並存入 character 中。如果 character 的值是 'X'，則利用序列埠輸出的方式，在監視窗口輸出 "'transmitting..."+message"，再利用 transmitter.txPL() 將 message 發送出去。如果 character 的值不等於 'X'，則將已經讀取的 character 進行連接，並存入 String 類型的變數 message 中。

② 接收端程式碼

```
// 定義部分
#include <SPI.h>                        // 運用 SPI 函式庫
#include <nRF24L01p.h>                  // 運用 nRF24L01p 函式庫
nRF24L01p receiver(7,8);               // 創建對象 receiver
String message;
// 初始化部分
void setup()
{
  delay(150);
  Serial.begin(115200);
  SPI.begin();
  SPI.setBitOrder(MSBFIRST);            // 設置傳輸資料的方式為"高位元先傳"
  receiver.channel(90);
  receiver.RXaddress("Artur");          // 設定目標位址，發射端也要設定這個位址
  receiver.init();                      // 初始化接受端
```

```
}
// 主函式部分
void loop()
{
  if(receiver.available())          // 判斷是否有資料進入接收端
  {
    receiver.read();                // 讀取接收端接收到的資料
    receiver.rxPL(message);         // 將 receiver.read() 讀取的資料存入 message 中
    Serial.println(message);        // 在序列埠監視器中輸出接收到的資料
    message="";
  }
}
```

接收端程式碼的定義部分和發射端一樣，需要運用 SPI 和 nRF24L01p 函式庫，並創建對象 receiver。初始化部分對 Serial、SPI 和 receiver 進行初始化。

主函式首先利用 if() 判斷接收端是否接收到資料，接著利用 receiver.read() 函式讀取接收到的資料，利用 receiver.rxPL() 將讀取到的資料存入 message 中，再利用序列埠輸出的方式將資料在接收端的監看視窗中輸出，最後將 message 變數清空，以儲存下一個接收到的資料。

（3）測試

根據測試電路圖，連接測試電路的發射端和接收端。由於發射端和接收端的電路連接相同，因此需要在 UNO 主機板上貼上標籤，以免混淆。

電路連接完成後，對發射端和接收端的程式碼進行驗證上傳。由於 nRF24L01p 這個函式並不是 IDE 自帶的函式庫，因此，需要將 nRF24L01p 函式庫檔案放到 IDE 的 libraries 資料夾下，具體操作步驟如下。

第一步：掃描二維碼，下載 nRF24L01p 函式庫。

掃一掃

nRF24L01p 函式庫

第二步：對 nRF24L01p 的壓縮包進行解壓，將解壓後的 nRF24L01p 資料夾拷貝至 Arduino 安裝目錄中的 libraries 資料夾下。

▌圖 7　nRF24L01p 的資料夾位置

第三步：重新打開 IDE，從 File → Example 功能表下便可以看到安裝的函式庫。

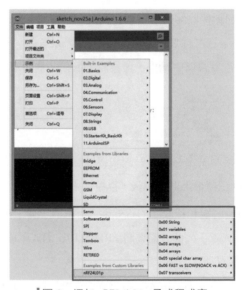

▌圖 8　添加 nRF24L01p 函式程式庫

接著利用 USB 資料線將發射端的 UNO 主機板與電腦相連。打開發射端的程式碼，選擇此時的 COM 號，將發射端的程式碼上傳至 UNO 主機板，並打開監看視窗，設置序列傳輸速率為 115200。

然後，利用另一條 USB 資料線將接收端的 UNO 主機板與同一台電腦相連。打開接收端的程式碼，這時候應該選擇將發射端的 UNO 主機板與電腦相連時沒有出現，而接收端 UNO 主機板與電腦相連時出現的 COM 號。將接收端的程式碼上傳至 UNO 主機板，並打開監看視窗，設置序列傳輸速率為 115200。

在監看視窗輸入"123X"，並點擊"發送"，發射端的監看視窗顯示"transmitting…123"，接收端的監視窗口顯示"123"；接著再在監視窗口輸入"I Love Arduino ProgrammingX"，點擊"發送"，接收端的監看視窗顯示"I Love Arduino Programming"。

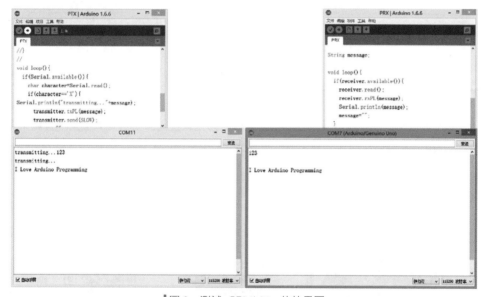

▎圖 9　測試 nRF24L01+ 的效果圖

到目前為止，我們已經學習了 3 種無線傳輸模組：APC220、433 和 nRF24L01+。經過對比可以發現，APC220 模組的功能比較齊全，但價格較貴；433 模組價格便宜，但傳輸距離相對較短，並且資料只能單向傳輸；nRF24L01+ 模組傳輸距離遠，價格便宜，可以進行組網，但接線稍微複雜點。在選用無線傳輸模組時，要對它的性質、優點和缺點進行權衡，選擇最適合的那款。當需要短距離單向傳輸，433 無線傳輸模組是性價比較高的模組；若需要遠距離傳輸，並且需要組網，一定要選用 nRF24L01+ 模組；若要實現較長距離點對點或一點對多點的傳輸，則可選用 APC220 模組。

表1　三種無線模組對比

比較項 名稱	傳輸 方向	價格區間 （元）	最遠傳輸距離 （米）	優點	缺點
APC220	雙向	一組約 台幣 1000 元	1000	提供多個頻道，能夠傳輸任意大小的資料；可以實現一點對一點、一點對多點的通信；發射端和接收端可以交換使用；可以進行雙向傳輸；程式設計簡單，應用領域廣泛。	價格相對較貴。
433	單向	一組約 台幣 200 元	100	價格便宜。	不能進行雙向傳輸；發射端模組和接收端模組不能交換使用。
nRF24L01+	雙向	一組約 台幣 100 元	2300	價格便宜；傳輸速率高；可以組樹狀甚至 Mesh 型網路。	遠距離傳輸時速率會降低；接線比較多，測試比較困難。

實驗 2：檢測 PIR 人體感應感測器

　　人類無線探測儀工作時，需要通過紅外線感測器來感受周圍是否有人活動。實驗中選用的是 PIR 人體感應感測器，使用前需要對它進行檢測。

（1）電路連接

　　掃描二維碼，查看 PIR 接入電路的過程。

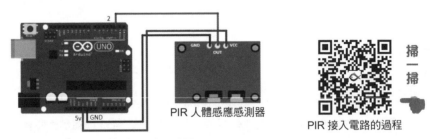

PIR 人體感應感測器

掃
一
掃

PIR 接入電路的過程

圖 10　檢測 PIR 的電路圖

　　如圖 10 所示，將 PIR 人體感應感測器的 GND、VCC 和 OUT 腳位分別與 UNO 主機板的 GND、5V 和 2 號腳位相連。

（2）程式碼編寫

```
// 定義部分
int pirPin=2;
// 初始化部分
void setup()
{
  delay(200);
  Serial.begin(9600);          // 序列埠初始化 設置序列埠的序列傳輸速率為 9600
  pinMode(pirPin,INPUT);
  digitalWrite(pirPin,LOW);    // 紅外線感測器感受到周圍有人活動時 它的 OUT 腳位會輸出
高電位 , 所以先給 pirPin 腳位低電位 , 等人的活動出現
}
// 主函式部分
void loop() {
  if(digitalRead(pirPin)==HIGH)
  Serial.println(1);
  delay(500);
}
```

在定義部分，將 2 號腳位定義為 pirPin。

在初始化部分，設定 pirPin 腳位為輸入腳位。當紅外線感測器感受到周圍有人活動時，它的 OUT 腳位會輸出高電位，所以一開始先給 pirPin 腳位低電位。

在主函式中，不斷讀取 pirPin 的值，若是高電位，說明紅外線感測器感受到周圍有人活動，序列埠監視器輸出 1。

（3）測試

根據電路圖連接零組件，將程式碼上傳至 UNO 主機板中。待程式碼上傳完畢，打開並觀察序列埠監視器。因紅外線感測器上的白色透鏡的感應角度小於 100°，感應距離在 7 米以內，所以當紅外線感測器啟動完畢並開始監測是否有人活動時，我們本身還處在紅外線感測器的監測範圍內，此時序列埠監視器應該每隔一秒輸出數位"1"。掃描二維碼，查看測試的效果。

測試效果

4. 詳細設計

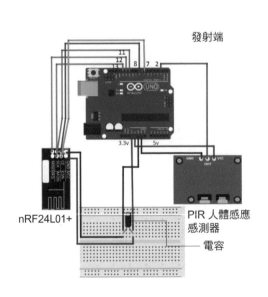

▌圖 11　發射端電路圖

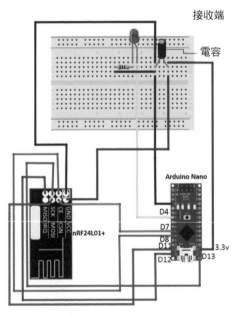

▌圖 12　接收端電路圖

人類活動無線探測儀詳細設計圖如圖 11 和 12 所示，設計圖分為發射端和接收端兩個部分。

發射端：發射端的 UNO 主機板分別與 PIR 人體感應感測器、nRF24L01+ 無線傳輸模組、電容相連。nRF24L01+ 模組的 GND 和 VCC 腳位通過電容（連接電容的注意事項參考本節 "實驗驗證"）分別與 UNO 主機板的 GND 和 3.3V 腳位相連（注意：連接 3.3V 腳位，而不是 5V 腳位），CSN 和 CE 腳位分別與 UNO 主機板的 7、8 號腳位相連，MOSI、MISO 和 SCK 腳位分別與 UNO 主機板的 11、12、13 號腳位相連。PIR 人體感應感測器的 VCC、 GND 和 OUT 腳位分別與 UNO 主機板的 5V、GND 和 2 號腳位相連。

接收端：接收端的 Nano 主機板分別與 nRF24L01+ 無線傳輸模組、電容、LED 燈相連。nRF24L01+ 模組的 GND 和 VCC 腳位通過電容分別與 Nano 主機板的 GND 和 3.3V 腳位相連，CSN 和 CE 腳位分別與 Nano 主機板的 D7 和 D8 號腳位相連，MOSI、MISO 和 SCK 腳位分別 與 Nano 主機板的 D11、D12、D13 號腳位相連。LED 的正極與 Nano 主機板的 D4 腳位相連，負極串聯一個電阻後通過麵包板與 Nano 主機板的 GND 腳位相連。掃描二維碼，查看發射端和接收端的接線過程。

人類無線探測儀工作時，若發射端的紅外線感測器感受到周圍有人活動，OUT 腳位輸出高電位，電位值經過 UNO 主機板處理，由 nRF24L01+ 無線傳輸模組發射出去。接收端 nRF24L01+ 模組接收到信號，由 Nano 主機板負責處理。如果接收到的信號是 "HIGH"，則為 LED 的正極腳位寫入高電位，LED 被點亮；如果接收到的信號是 "LOW"，則寫入低電位，LED 熄滅。

掃一掃

接線過程

5. 原型開發

(1) 程式碼編寫

① 發射端程式碼

```
// 定義部分
#include<SPI.h>                    // 運用函式庫 SPI SPI 是序列外設介面
#include<nRF24L01p.h>              // 運用函式庫 nR24L01p
int pirPin=2;
nRF24L01p radio(7,8);             // 創建物件 radio, 使用 UNO 主機板上的 7、8 號腳位
// 初始化部分
void setup()
{
  delay(200);
  Serial.begin(115200);
  SPI.begin();                     // 開啟 SPI 介面
  SPI.setBitOrder(MSBFIRST);       // 設置傳輸資料的順序 MSBFIRST 是最高位元先傳
  radio.channel(90);
  radio.TXaddress("Artur");        // 設置目標位址
  radio.init();                    // 初始化 radio
  pinMode(pirPin,INPUT);
  digitalWrite(pirPin,LOW);
}
// 主函式部分
void loop() {
  String msg;
  if(digitalRead(pirPin)==LOW)
  {
    msg="LOW"
  }
  else
  {
    msg="HIGH";
  }
  radio.txPL(msg);
  radio.send(SLOW);       // 以低速的方式傳輸資料 msg
```

```
  delay(1000);
}
```

程式碼的定義部分運用了 SPI 和 nRF24L01p 兩個函式庫，SPI 是序列外設介面，它可以使 UNO 主機板和外接設備使用序列的方式進行資料交換。同時還定義了 2 號腳位，創建了對象 radio。初始化部分主要對用到的 SPI 介面和 Serial 進行初始化，設置 pirPin 腳位的 初始狀態為 LOW。

主函式中定義了一個 String 類型的變數 msg，先利用 if() 函式判斷 pirPin 腳位的狀態，如果 pirPin 腳位的狀態為 LOW，則將 "LOW" 字串給變數 msg，否則將 "HIGH" 字元串給變數 msg。之後利用 radio.txPL() 函式將 msg 發送出去，並通過 radio.send() 函式設置發送的速度為低速，以低速傳輸，傳輸的距離會遠一點。

② 接收端程式碼

```
// 定義部分
#include<SPI.h>                       // 運用函式庫 SPI SPI 是序列介面
#include<nRF24L01p.h>                 // 運用函式庫 nRF24L01p
int ledPin=4;
String message;
nRF24L01p radio(7,8);                 // 創建對象 radio
// 初始化部分
void setup() {
  delay(200);
  pinMode(ledPin,OUTPUT);
  digitalWrite(ledPin,LOW);
  Serial.begin(115200);
  SPI.begin();
  SPI.setBitOrder(MSBFIRST);          // 設置高位優先傳輸
  radio.channel(90);
  radio.RXaddress("Artur");           // 設置目標位址
  radio.init();                       // 初始化 radio
}
// 主函式部分
void loop()
```

```
{
  if(radio.available())                        // 判斷是否讀到資料
  {
    radio.read();                              // 讀取數據
    radio.rxPL(message);                       // 將資料儲存到 message 中
    Serial.println(message);                   // 將 message 在監看視窗中輸出
    if(message.equals("LOW"))                  // 判斷 message 的值與 LOW 是否相等
    {
      digitalWrite(ledPin,LOW);                // 給 ledPin 寫低電位
    }
    else if(message.equals("HIGH"))            // 判斷 message 值與 HIGH 是否相等
    {
      digitalWrite(ledPin,HIGH);               // 給 ledPin 寫高電位
    }
    message="";
  }
}
```

接收端程式碼的定義部分同樣運用了 SPI 和 nRF24L01p 兩個函式庫,並創建物件 radio。初始化部分對 SPI 和 Serial 進行設置。

主函式部分首先利用 if() 函式判斷是否有數據傳入,如果有數據傳入,則利用 radio. read() 讀取傳入的資料,然後利用 radio.rxPL(message) 將讀取到的資料存入 meaasge 中。接著利用 meaasge.equals() 判斷 message 的值與 LOW 和 HIGH 的關係。如果 message 的值等於"LOW",則給 ledPin 腳位寫入低電位,LED 不亮;如果 message 的值等於 "HIGH",則給 ledPin 腳位寫入高電位,LED 被點亮。

(2)測試

測試時,根據條件選擇兩個房間,以下稱為 A、B 房間。將帶有紅外探頭的發射端零組件放在 A 房間內。為 UNO 主機板供電時,可以選擇利用電池或者使用穩壓電源,此處選擇使用穩壓電源的方式。需要注意的是,牆壁對 2.4GHz 信號有阻擋作用,所以,將帶有 LED 的一端放入 B 房間時,要保證距離不能過遠。

　　測試時，一個人多次進出裝有紅外線感測器的 A 房間，B 房間的人負責觀察 LED 是否在有人進入 A 房間時點亮，沒人時熄滅。掃描二維碼，查看測試效果。

測試效果

6. 小結

　　通過製作人類活動無線探測儀，我們又學習了一種新的無線傳輸模組 nRF24L01+。它的功能強大程度可以與 APC220 相媲美，價格也比 APC220 便宜很多。由於 nRF24L01+模組可以進行組網，很適合家庭安防、植物栽種的自動監控這類需要多個探測器和無線組網的情景。但 nRF24L01p 函式庫並不支持 nRF24L01+ 模塊組網，因此要使用 Maniac Bug 的 RF24 函式庫。如果有興趣，你可以嘗試製作一個升級版的人類活動探測儀，讓它可以同時探測 3 個房間內是否有人活動，這就需要用到 nRF24L01+ 模組的組網功能和 Maniac Bug 的 RF24 函式庫。

本節程式碼

本章小結

　　本章主要學習運用了三種常見的無線傳輸模塊：APC220 模塊、433 模組和 nRF24L01+模組。我們可以發現 APC220 模組的功能比較齊全，但是價格相對較貴；433 模組價格便宜，但是傳輸距離相對較短，並且只能單向傳輸資料；nRF24L01+ 模組傳輸距離遠，價格便宜，可以進行組網。對三種無線傳輸模組在傳輸方向、價格和優缺點上進行對比，形成表格（參見正文）。你可以根據專案的需求和條件選擇最適合的傳輸模組。

擴展案例

　　無線傳輸模組的出現讓我們的專案擺脫了必須要使用導線進行控制的束縛，給我們帶來了更多的創作思路。每天早上，想要知道預訂的牛奶 有沒有送到牛奶箱中，必須跑去看一下。如果在 牛奶箱中安放一個超音波模組，在房間內安裝一個蜂鳴器，當牛奶被放到牛奶箱中時，會觸發超音波模組發射信號，信號通過無線傳輸的方式傳 輸到房間內的 UNO 主機板，觸發蜂鳴器發聲，通報牛奶到了。

掃一掃

線上交流

　　如果你製作出好的作品，可以掃描二維碼，上傳到本書網站，與更多人分享！也可以掃描二維碼，查看已經上傳的作品。

CHAPTER 05

Arduino 多工程式設計

當一塊 Arduino 板上連接多個零組件時,常常會遇到如何控制這些零組件同時運行的問題。例如,一架遙控飛機上有三個伺服馬達、一個馬達和一個序列埠通信模組,如何能讓伺服馬達在轉動的同時接收遙控器傳來的資料呢?此時需要利用多工程式設計的方式。本章將帶領您學習如何使用一種簡單有效的程式設計方法來實現一塊 Arduino 板上的多工處理。

5.1 一個 LED 和一個伺服馬達

利用 Arduino 控制一個 LED,讓其每隔半秒亮一次,或者控制一個伺服馬達來回轉動,這都是非常簡單的任務,但若要讓 LED 亮滅的同時,伺服馬達仍在不停地轉動呢?把 LED 程式碼和伺服馬達程式碼放在一起就能實現嗎?請動手嘗試一下吧。

掃描二維碼,查看電路的連接過程。

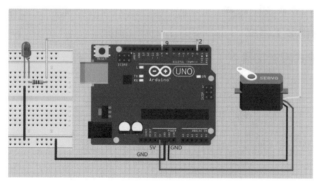

掃一掃

電路連接過程

▌圖 1　一個 LED 和一個伺服馬達的接線圖

程式碼

```
// 定義部分
#include <Servo.h>
Servo svo1;
int degree;
int direction;
// 初始化部分
void setup() {

  pinMode(2, OUTPUT);
  pinMode(9, OUTPUT);
  svo1.attach(9);
  degree = 10;
  direction = 1;
}
// 主函式部分
void loop() {
  // 每隔 500 秒點亮一次 LED
  digitalWrite(2, HIGH);
  delay(500);
  digitalWrite(2, LOW);
  delay(500);
```

若伺服馬達的角度等於 170° 則伺服馬達的角度減 1° 若伺服馬達的角度等於 10° 則伺服馬達的角度加 1°

```
  if (degree == 170){ direction = -1; }
  else if (degree == 10){ direction = 1; }
  if (direction==1)
  {
    degree = degree + 1;
  }
  if (direction == -1)
  {
```

```
    degree = degree - 1;
  }
  svo1.write(degree);
  delay(20);
}
```

程式在運行時，在主函式中首先執行控制 LED 的程式碼，LED 點亮 500 毫秒，然後熄滅 500 毫秒；接著執行控制伺服馬達的程式碼，伺服馬達每轉動一次，延時 20 毫秒。

掃描二維碼，查看實驗效果。

實驗效果

運行上面的程式碼，發現伺服馬達不會連續地轉動。這是因為程式執行到控制 LED 的 delay() 函式時會停住，等到 delay 執行完成才會繼續運行。那到底如何才能讓 LED 亮滅的同時伺服馬達也連續轉動呢？

本節程式碼

5.2 用 millis() 解決程式停滯問題

程式停滯是一種常見的問題，解決程式停滯問題的關鍵是避免使用 delay() 函式，可以改用 millis 函式。這是因為 millis 函式可返回當前時間（以整數值形式）。這樣，切換 LED 狀態時用一個變數記下時間，然後每次執行 loop 時，只要判斷當前時間點和前一次切換的時間差值是否不小於 500 毫秒。以下的程式用 millis() 函式替換 delay() 函式，同樣實現了 LED 的亮滅切換。

程式碼：LED

```
// 定義部分
#include <Servo.h>
unsigned long previousLedSwitch;
bool ledstate;
// 初始化部分
void setup() {
  pinMode(2, OUTPUT);
  previousLedSwitch = 0;
}
// 主函式部分
void loop()
{
  // 當前時間點和前一次切換的時間差值大於等於 500 毫秒 點亮 LED
  if (millis() - previousLedSwitch >= 500)
  {
    ledstate = !ledstate;
    digitalWrite(2, ledstate);
    previousLedSwitch = millis();
  }
}
```

如果再加上伺服馬達呢？將下面的程式碼載入 Arduino 試試看，伺服馬達的轉動還會卡住嗎？

程式碼：LED+ 伺服馬達

```
// 定義部分
#include <Servo.h>
unsigned long previousLedSwitch;
bool ledstate;
Servo svo1;//new code
int degree;
int direction;
// 初始化部分
void setup() {
  // put your setup code here, to run once:
  pinMode(2, OUTPUT);
  previousLedSwitch = 0;
  pinMode(9, OUTPUT);//new code
  svo1.attach(9);//new code
  degree = 10;
  direction = 1;
}
// 主函式部分
void loop()
{
  // 當前時間點和前一次切換的時間差值大於等於 500 毫秒 點亮 LED
  if (millis() - previousLedSwitch >= 500)
  {
    ledstate = !ledstate;
    digitalWrite(2, ledstate);
    previousLedSwitch = millis();
  }
  if (degree == 170){ direction = -1; }
```

```
  else if (degree == 10){ direction = 1; }
  if (direction == 1)
  {
    degree = degree + 1;
  }
  if (direction == -1)
  {
    degree = degree - 1;
  }
  svo1.write(degree);
  delay(20);
}
```

經測試這個程式已經能夠使 LED 和伺服馬達同時工作了，但伺服馬達的程式碼中依舊有 delay() 函式。能否同樣使用 millis() 函式來消除伺服馬達程式的停滯呢？掃描二維碼，查看實驗效果。

掃
一
掃

實驗效果

程式碼：LED+ 伺服馬達 +millis() 函式

```
// 定義部分
#include <Servo.h>
unsigned long previousLedSwitch;
bool ledstate;
Servo svo1;//new code
int degree;
int direction;
unsigned long previousServo;
// 初始化部分
void setup() {

  pinMode(2, OUTPUT);
  previousLedSwitch = 0;

  pinMode(9, OUTPUT);//new code
```

```
  svo1.attach(9);//new code
  degree = 10;
  direction = 1;


  previousServo = 0;
}
// 主函式部分
void loop()
{
  // 當前時間點和前一次切換的時間差值大於等於 500 毫秒 點亮 LED
  if (millis() - previousLedSwitch >= 500)
  {
    ledstate = !ledstate;
    digitalWrite(2, ledstate);
    previousLedSwitch = millis();
  }
// 當前時間點和前一次切換的時間差值大於等於 20 毫秒 讓伺服馬達旋轉 1°
  if (millis() - previousServo >= 20)
  {
    if (degree == 170){ direction = -1; }
    else if (degree == 10){ direction = 1; }
    if (direction == 1)
    {
      degree = degree + 1;
    }
    if (direction == -1)
    {
      degree = degree - 1;
    }
    svo1.write(degree);
    previousServo = millis();
  }
}
```

主函式部分，首先利用 if() 函式判斷當前時間點和前一次切換 LED 狀態的時間點之間的關係，如果兩次的時間差大於 20 毫秒，則讓伺服馬達旋轉 1°。

掃一掃

本節程式碼

5.3 多個 LED 和多個伺服馬達

上節的案例中，用 millis() 函式代 delay() 函式，從而避免了程式的停滯，達到同時控制 LED 亮滅和伺服馬達重複轉動的目的。如果再增加一個 LED 和一個伺服馬達，讓 Arduino 同時控制 2 個 LED 和 2 個伺服馬達，程式該如何修改呢？按照圖 3 的連線圖接好硬體，嘗試自主編寫程式碼。程式碼編寫完成後，與下面提供的程式碼進行比較，檢查自己的程式碼是否合適準確。掃描二維碼，查看電路連接過程。

掃一掃

電路連接過程

為避免兩個伺服馬達的用電需求超過 Arduino 可承受範圍，可採用麵包板供電模組為伺服馬達單獨供電。

▌圖 1　麵包板供電模組

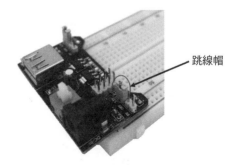

跳線帽

▌圖 2　麵包板供電模組連接方式

　　麵包板供電模組如圖 1 所示。它可以為麵包板上的零組件供電,相容 5V 和 3.3V 電壓,可以為零組件提供 5V 或 3.3V 電壓。若 5V 上兩個腳位沒有跳線帽,說明麵包板供電模組是選擇 5V 供電。使用時,只要將麵包板供電模組按照圖 2 插在麵包板上即可。

注意:

1. 電路中,Arduino 和供電模組必須一起共地,即它們的 GND 腳位連在一起,否則伺服馬達會抖動。

2. 麵包板供電模組的電源通常是 12V 的穩壓電源,但此處考慮到作圖的方便,圖 3 中畫出的是電池組。

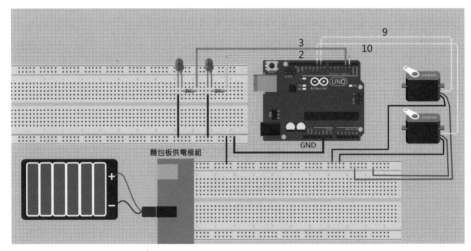

▌圖 3　兩個 LED 和兩個伺服馬達相連

程式碼

```
// 定義部分
#include <Servo.h>
unsigned long previousLedSwitch1,previousLedSwitch2;
bool ledstate1,ledstate2;
Servo svo1,svo2;//new code
int degree1,degree2;
int direction1,direction2;
unsigned long previousServo1,previousServo2;
```

```
// 初始化部分
void setup() {
  // put your setup code here, to run once:
  pinMode(2, OUTPUT);
  previousLedSwitch1 = 0;

  pinMode(9, OUTPUT);//new code
  svo1.attach(9);//new code
  degree1 = 10;
  direction1 = 1;

  previousServo1 = 0;

  pinMode(3, OUTPUT);
  previousLedSwitch2 = 0;

  pinMode(10, OUTPUT);//new code
  svo2.attach(10);//new code
  degree2 = 10;
  direction2 = 1;

  previousServo2 = 0;
}
// 主函式部分
void loop() {
  // 當前時間點和前一次切換的時間差值大於等於 500 毫秒 點亮 LED1
  if (millis() - previousLedSwitch1 >= 500)
  {
    ledstate1 = !ledstate1;
    digitalWrite(2, ledstate1);
    previousLedSwitch1 = millis();
  }
```

```
// 當前時間點和前一次切換的時間差值大於等於 500 毫秒 點亮 LED2
  if (millis() - previousLedSwitch2 >= 500)
  {
    ledstate2 = !ledstate2;
    digitalWrite(2, ledstate2);
    previousLedSwitch2 = millis();
  }
// 當前時間點和前一次切換的時間差值大於等於 20 毫秒 讓伺服馬達 1 旋轉 1°
  if (millis() - previousServo1 >= 20)
  {
    if (degree1 == 170){ direction1 = -1; }
    else if (degree1 == 10){ direction1 = 1; }
    if (direction1 == 1)
    {
      degree1 = degree1 + 1;
    }
    if (direction1 == -1)
    {
      degree1 = degree1 - 1;
    }
    svo1.write(degree1);
    previousServo1 = millis();
  }
// 當前時間點和前一次切換的時間差值大於等於 20 毫秒 讓伺服馬達 2 旋轉 1°
  if (millis() - previousServo2 >= 20)
  {
    if (degree2 == 170){ direction2 = -1; }
    else if (degree2 == 10){ direction2 = 1; }
    if (direction2 == 1)
    {
      degree2 = degree2 + 1;
    }
    if (direction2 == -1)
```

```
  {
    degree2 = degree2 - 1;
  }
  svo2.write(degree2);
  previousServo2 = millis();
  }
}
```

　　儘管這段程式能夠正常工作，但看上去顯得非常雜亂。仔細觀察這段程式碼會發現，除了變數名不同，兩個 LED 對應的程式碼以及兩個伺服馬達對應的程式碼非常相似，基本上是重複的。這些重複程式碼很容易讓程式變得混亂不堪。接下來我們要嘗試如何將程式變得簡單而整潔。掃描二維碼，查看實驗效果。

實驗效果　　　　　　　　　本節程式碼

5.4 用 OOP 簡化多工程式

簡化程式的思路與生活中簡化問題的思路相同——把雜亂無章的東西分類處理。例如，將閃爍的 LED 歸為一類，取名 BlinkLED；把來回轉動的伺服馬達歸為一類，取名 SweepServo。這些類型的名稱可以任意取。有了這兩個類型之後，無論 LED 或伺服馬達的數 量是多少，類型始終只有兩個。這也意味著程式只要考慮處理兩個類型的物件即可。接下來看如何在程式中實現 BlinkLED 類型。

> **Tips** 物件導向的程式設計（Object Oriented Programming，簡稱 OOP），是程式設計技術中對資料的分類辦法。物件是類別的實例，程式設計過程中通過創建類別和物件來簡化程式。OOP 的核心思想是通過抽象化來簡化程式。

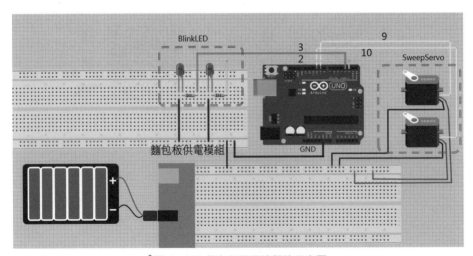

▎圖 1　LED 類和伺服馬達類的示意圖

首先定義 BlinkLED 類型，也就是寫一個 BlinkLED 類，把屬於它的變數和函式都放入其中。接著可以用這個類型來聲明新的變數，如同 int 類型可以有很多變數一樣。由於每個變數都對應記憶體中一個具體的物件，所以要在 setup() 中為物件設置初始值。設置初始值完成後便可以在 loop() 中使用這些物件了。

程式碼：LED

```cpp
#include<Servo.h>

class BlinkLED
{
private:
  int _pin,_duration;
  unsignedlong _previousLedTime;
  bool _ledstate;
public:
  void begin(intpin)
  {
      _pin = pin;
      pinMode(_pin, OUTPUT);
      _previousLedTime = 0;
      _ledstate = LOW;
  }
  void SetDuration( intduration)
  {
      _duration = duration;
  }
  int GetDuration()
  {
      return _duration;
  }
  void Update()
  {
      if (millis() - _previousLedTime >= _duration)
      {
              _ledstate = !_ledstate;
              digitalWrite(_pin, _ledstate );
              _previousLedTime = millis();
      }
```

```
    }
};
// 定義部分
BlinkLED led1,led2;
// 初始化部分
void setup() {
  led1.begin(2);
  led1.SetDuration(500);
  led2.begin(3);
  led2.SetDuration(200);
}
// 主函式部分
  void loop() {
  led1.Update();
  led2.Update();
}
```

同樣方式編寫 SweepServo 類。

程式碼：LED+ 伺服馬達

```
#include<Servo.h>

class BlinkLED          // bide
{
private:
  int _pin,_duration;
  unsignedlong _previousLedTime;
  bool _ledstate;
public:
  void begin(intpin)
  {
      _pin = pin;
      pinMode(_pin, OUTPUT);
```

```
        _previousLedTime = 0;
        _ledstate = LOW;
    }
    void SetDuration( intduration)
    {
        _duration = duration;
    }
    int GetDuration()
    {
        return _duration;
    }
    void Update()
    {
        if (millis() - _previousLedTime >= _duration)
        {
            _ledstate = !_ledstate;
            digitalWrite( _pin,_ledstate );
            _previousLedTime = millis();
        }
    }
};
classSweepServo
{
private:
    int _pin;
    Servo _svo;
    int _degree;
    int _direction;
    unsignedlong _previousServoTime;
public:
    void begin(intpin)
    {
        _pin = pin;
```

```
    _svo.attach(_pin);

    _previousServoTime = 0;

    _degree = 10;

  }

  void Update()

  {

      if (millis() - _previousServoTime >= 20)

      {

              if (_degree == 170){ _direction = -1; }

              elseif (_degree == 10){ _direction = 1; }

              if (_direction == 1)

              {

                      _degree = _degree + 1;

              }

              if (_direction == -1)

              {

                      _degree = _degree - 1;

              }

              _svo.write(_degree);

              _previousServoTime = millis();

      }

    }

};


// 定義部分

BlinkLED led1,led2;

SweepServo svo1,svo2;

// 初始化部分

void setup() {

led1.begin(2);

  led1.SetDuration(500);

  led2.begin(3);

  led2.SetDuration(200);
```

```
  svo1.begin(9);
  svo2.begin(10);
}
// 主函式部分
void loop() {
  led1.Update();
  led2.Update();
  svo1.Update();
  svo2.Update();
}
```

運行上面的程式碼，查看兩個 LED 和兩個伺服馬達能同時工作嗎？ setup() 和 loop() 函式是不是變得非常簡單整潔？

掃一掃

本節程式碼

 Arduino 程式中應避免使用結構函式，結構函式的名必須和類別名相同，而其他方法則不能和類別同名。結構函式只在創建類別的實例時被運用一次，因此，一般用它來給實例成員提供初始值。由於編譯器的原因，結構函式的運用順序不可預知，易造成物件初始化失敗。所以，一般將結構函式改名，如改為 begin()，並在 setup() 中運用。

5.5 更高效的程式設計工具

Arduino 的官方 IDE 缺少一些高效程式設計工具必備的特性，如程式碼自動提示、設置程式中斷點等，使得用官方 IDE 編寫較長的程式碼時會比較辛苦。這就類似於使用 Windows 的寫字板可以輸入較短的文章，但真正編輯長篇文章時，還得使用 Word 那樣的實用軟體。

為解決上述問題，這裡推薦使用微軟的 Visual Studio 和 Visual Micro 外掛程式作為 Arduino 程式設計工具。Visual Studio 是微軟開發的一款整合性程式設計工具，不僅支援各種程式設計語言，而且為程式設計師提供了較好的使用體驗。Visual Micro 是可以安裝在 Visual Studio 上的一個專門針對 Arduino 語言的外掛程式，它的安裝方式，可以掃描二維碼查看。安裝好之後，就能用它編寫 Arduino 程式。如圖 1 所示，當輸入 Serial 物件名並按下 "." 號鍵，便會自動列出物件的所有成員。

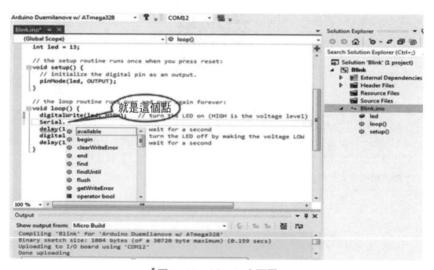

圖 1　Visual Studio 介面圖

掃一掃

Visual Micro 外掛程式的安裝方式

Visual Studio 的 Community 版本可免費下載使用，並且微軟的 DreamSpark 網站也為高中師生提供免費的專業版下載。Visual Micro 的下載和安裝都是免費的，但中斷點測試功能有試用期，試用期之後需要付費，價格還比較合理。

　　Arduino 和一般電腦程式設計最大的不同在於測試。一般電腦程式可以停在指定的某一行，以便觀察程式中各變數的狀態（值），但 Arduino 程式不能單步執行，只好插入 Serial.print() 程式將變數值輸出到序列埠監控窗來查看。Visual Micro 提供的測試功能可以直接顯示變數值的變化，但這其實是通過自動插入 Serial 程式實現的，並非真正的硬體單步測試。

　　要想實現硬體單步測試，不僅要增加額外的硬體，還要瞭解底層硬體的暫存器等資訊，所以絕大部分人都沒有興趣去鑽研那些技術。正如人們學開車的意圖是能駕車到某個地方去，而不是要造一輛汽車。學習使用 Arduino 的目的是實現各種控制，而不是研究單晶片微電腦。簡而言之，Visual Micro 是目前比較易用的 Arduino 程式設計工具。

本章小結

　　本章主要通過同時掌控多個伺服馬達和 LED 的案例，學習了多工程式設計的方法。多工程式設計可以解決用一塊 Arduino 主機板控制多個零組件同時運行的問題。也介紹了如何利用 OOP 的方式簡化多工程式設計。隨著一塊 UNO 開發板上連接的零組件越來越多，多工程式設計的優點也越顯著。後續章節中凡有遙控控制的專案，都可以採用多工程式設計方法。

 擴展案例

　　本章主要是通過多工程式設計的方式讓伺服馬達旋轉時，點亮 LED。用這種方法能否設計一個有 3 個超音波探頭的避障小車呢？你還有什麼更好的想法嗎？動手嘗試一下吧！

　　如果你製作出好的作品，可以掃描二維碼，上傳到本書的網站，與更多人分享。也可以掃描二維碼，查看已經上傳的作品。

 掃一掃

 線上交流

CHAPTER **06**

遙控小車

Arduino 能夠控制馬達轉動，能夠無線傳輸資料，能不能用它來製作一輛遙控車呢？本章中，我們將嘗試製作一輛遙控小車，利用無線序列埠傳輸模組實現遙控小車的前進、後退、加速、減速、轉彎等功能。

6.1 初步設計

1. 總體概念圖

小車由遙控器和車身兩個部分組成，如圖 1 所示。

▌圖 1　初步設計圖

（1）車體結構與電控系統

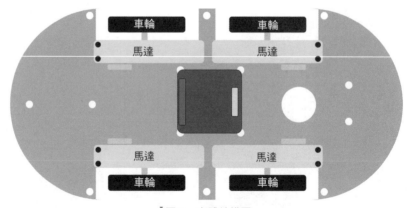

▌圖 2　車體結構圖

初步設計遙控小車的車體底板如圖 2 所示。小車上共有四個車輪,當四個車輪轉動的速度和方向相同(假設車輪正向轉動)時,小車將向前行駛。小車向前行駛的過程中,若其右側的兩個輪子轉速減慢,小車將實現右轉彎;同理,小車左側兩輪子轉速減慢,小車將實現左轉彎。

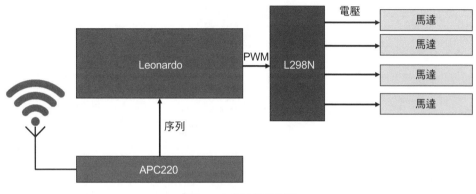

▌圖 3　小車電控系統圖

(Tips) Leonardo 主板是 Arduino 主板的一種類型,它在使用上和 UNO 主機板類似,但在有些程式碼書寫上會有所不同。例如序列埠輸出時,若使用的是 UNO 主機板,那麼序列埠輸出使用 Serial.print();若是 Leonardo 主機板,那麼序列埠輸出就要使用 Serial1.print()。

小車的電控系統如圖 3 所示,APC220 用於接收遙控器發出的數據。Arduino 開發板不能直接控制小車馬達的轉動,要通過 L298N 驅動板驅動馬達旋轉方向和轉速。

(2)遙控器結構

由於遙控器要控制小車的速度和方向,所以要有兩個搖桿,一個控制小車的速度,一個控制小車的方向。搖桿傳出的變化的電阻值,並不能直接發送並控制小車,而是需要通過 UNO 主機板,將類比信號轉化為方向和速度數據,通過 APC220 模組將遙控命令字串發送出去。

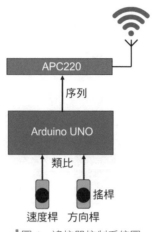

▌圖 4　遙控器控制系統圖

2. 概要設計

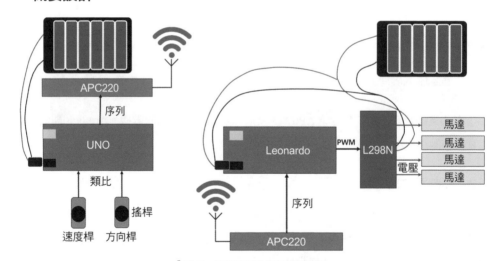

▌圖 5　遙控車控制系統結構圖

　　根據上述考慮，現將小車和遙控器的初步設計圖拼合在一張設計圖上，再為遙控器和
小車添加電源，於是一個遙控小車系統的初步設計就完成了。當遙控小車工作時，推動
速度桿，它的電阻值傳送給 UNO 主機板，UNO 主機板將其處理成字串，通過 APC220
模組發射出去。

小車的 APC220 模組接收到序列資料後，將資料傳輸給 Leonardo 主機板，Leonardo 主機板將資料轉化為 PWM 信號輸出給驅動板，通過驅動板控制小車四個馬達的轉速。同理，推動方向桿時，類比信號通過相同的處理傳送給馬達的驅動板，通過減弱某一側兩個馬達的轉速，達到控制小車方向的目的。例如，要讓正在行駛的小車向左轉，只需減小小車左邊馬達的轉速即可。

6.2 實驗驗證

從遙控小車的初步設計中可以看出，製作遙控小車需要的主要零組件有 L298N 驅動板、APC220 模組和搖桿。在正式搭建電路之前，需要對這三個零組件進行測試驗證。

1. L298N 驅動板和馬達的檢測

馬達的作用是帶動小車的車輪旋轉，使小車能夠運動。馬達通過 L298N 驅動板驅動小車改變速度和轉動的方向。因此，馬達和 L298N 驅動板這一組合的有效與否決定了遙控小車能否行駛。測試時馬達先轉動 1s，然後加速轉動。

（1）電路連接

測試電路圖如圖 1 所示。L298N 驅動板是一種馬達驅動板，利用它可以控制馬達的轉速和方向。根據電路圖連接零組件。L298N 驅動板是連接 Leonardo 主機板和馬達的 "橋樑"，先連接 Leonardo 主板和 L298N 驅動板將 L298N 驅動板的 ENA 和 ENB 引腳分別與 Leonardo 主機板的 3 號和 6 號 PWM 腳位相連；IN1、IN2、IN3、IN4 分別與 Leonardo 主機板的 4、5、7、8 腳位相連。再連接 L298N 驅動板和馬達，將 L298N 驅動板上的 MOTORA 的兩個腳位與馬達 A 的兩個腳位相連，MOTORB 的兩個腳位與馬達 B 的兩個腳位相連。最後將電池盒的正極接 VMS 腳位，負極接 GND 腳位。掃描二維碼，查看電路連接過程。

電路連接過程

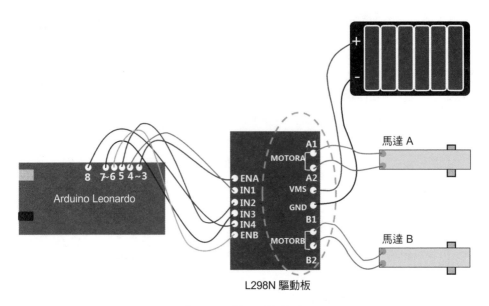

圖1　測試電路接線圖

電路工作時，IN1、IN2 控制馬達 A 的方向，IN3、IN4 控制馬達 B 的方向；ENA 控制馬達 A 的速度，ENB 控制馬達 B 的速度。

（2）程式碼編寫

```
// 定義部分
#define ENA 3
#define IN1 4
#define IN2 5
#define ENB 6
#define IN3 7
#define IN4 8
// 初始化部分
void setup()
{
    pinMode(ENA,OUTPUT);
    pinMode(IN1,OUTPUT);
    pinMode(IN2,OUTPUT);
```

```
    pinMode(ENB,OUTPUT);
    pinMode(IN3,OUTPUT);
    pinMode(IN4,OUTPUT);
}
// 主函式部分
void loop()
{
    digitalWrite(IN1,HIGH);
    digitalWrite(IN2,LOW);
    digitalWrite(IN3,HIGH);
    digitalWrite(IN4,LOW);
    delay(1000);
    for(int i=120;i<200;i++)
    {
        digitalWrite(IN1,HIGH);
        digitalWrite(IN2,LOW);
        digitalWrite(IN3,HIGH);
        digitalWrite(IN4,LOW);
        digitalWrite(ENA,i);
        digitalWrite(ENB,i);
        delay(200);
    }
}
```

在程式碼的主函式部分，首先利用 digitalWrite() 函式給 IN1 和 IN3 腳位寫入高電位，IN2 和 IN4 腳位寫入低電位，使兩個馬達發生轉動；接著利用 delay() 函式使轉動的狀態持續 1s；利用 for() 迴圈每隔 0.2s 為 ENA 和 ENB 腳位寫入不同的 PWM 信號，這樣使得馬達的轉速越來越快。簡而言之，程式首先給 IN1~IN4 不同的電位值，讓馬達發生轉動，接著利用 for() 迴圈改變馬達轉動的速度。

（3）測試

馬達的轉動方向由兩個因素決定，一是 IN1~IN4 的電位值；二是馬達的兩個腳位與 MOTORA/MOTORB 的連接。測試之前無法確定馬達的轉動方向，連接電路時只要將馬達 A 的兩個腳位與 L298N 驅動板上的 MOTORA 的兩個腳位相連，先不必區分馬達 A 的哪個腳位應該和 MOTORA 的哪個腳位相連。馬達 B 與 MOTORB 相連亦同理。

電路連接完畢後，將程式碼上傳至 Leonardo 主機板。這時可以看到馬達轉動，觀察馬達的轉動方向和速度是否在轉動 1s 後發生改變，並且越轉越快。如果兩個馬達的轉動方向不相同，就要調整其中一個馬達與 L298N 的連線，將兩個腳位的連線對調。接著觀察兩個馬達的轉動方向是否達到相同，如果相同，記下馬達的轉動方向，並在 L298N 驅動板和馬達的兩個腳位線上做標記。同理去測試另外兩個馬達，最終確保四個馬達的轉動方向相同。掃描二維碼，查看實驗效果。

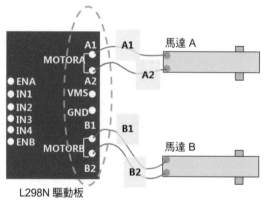

掃一掃

L298N 驅動板

實驗效果

▌圖 2　馬達標籤示意圖

2. APC220 模組檢測

參考第四章第一節中 APC220 模組檢測實驗。

3. 搖桿檢測

　　遙控小車的方向桿和速度桿可以採用搖桿來製作，搖桿的內部是一個 10K 的雙向電阻，電阻輸出的類比信號範圍是 0~1023。當搖桿處於中間位置時，搖桿的輸出值應該為（511.5,511.5），由於搖桿品質的原因，不同搖桿中間位置的輸出值不盡相同。考慮到後續程式碼中要用到搖桿的中間值，因此，需要對搖桿進行測試。搖桿的實物圖如圖 3 所示，它可以將手動的機械位置轉化為電阻值。隨著搖桿的推動方向不同，電阻的大小會隨之發生變化。

▌圖 3　搖桿實物圖

　　將搖桿如圖 4 擺放，此時搖桿的豎直方向對應的是搖桿的 VRX 腳位，簡稱 X 軸；水準方向對應的是 VRY 腳位，簡稱 Y 軸。這與數學坐標軸沒有關係，僅是為了方便稱呼，人為的設定。

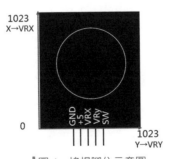

▌圖 4　搖桿腳位示意圖

　　搖桿工作時，沿 X 軸向上推動搖桿，VRX 腳位的輸出值會增大，沿 X 軸向下推動搖桿，VRX 腳位的輸出值將減小；沿 Y 軸向右推動搖桿，VRY 腳位的輸出值會增大，沿 Y 軸向左推動搖桿，VRY 腳位的輸出值將減小。

（1）電路連接

　　測試搖桿的電路如圖 5 所示。搖桿的四個腳位分別與 UNO 主機板的相應腳位相連。其中搖桿的 +5V 和 GND 腳位分別與 UNO 主機板的 5V 腳位和 GND 腳位相連，VRX、VRY 腳位分別與 UNO 主機板的 A0、A1 類比腳位相連。工作時，推動搖桿產生的信號通過 VRX、VRY 兩個腳位傳輸給 UNO 主機板，經過 UNO 主機板的處理，最後在電腦的監看視窗中輸出。掃描二維碼，查看電路的連接過程。

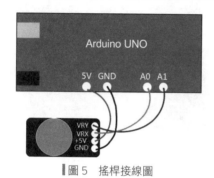

掃一掃

電路連接過程

▌圖 5　搖桿接線圖

（2）程式碼編寫

```
// 定義部分
int xpin=A0;
int ypin=A1;
int xcount=0;
int ycount=0;
// 初始化部分
void setup()
{
    Serial.begin(9600);
    pinMode(xpin,INPUT);
    pinMode(ypin,INPUT);
}
// 主函式部分
void loop()
{ xcount=analogRead(xpin);
```

```
ycount=analogRead(ypin);
Serial.print("xpin=");
Serial.println(xcount);
Serial.print("ypin=");
Serial.println(ycount);
delay(500);
}
```

　　程式碼的定義部分對實驗中用到的腳位和變數進行定義，因為搖桿傳輸的是類比信號，所以這裡定義的是類比腳位 A0 和 A1。

　　主函式部分首先利用 analogRead() 函式分別讀取 xpin 和 ypin 的腳位值，然後利用 Serial.println() 函式分別將 xpin 和 ypin 的類比信號值輸出。

　　對程式碼進行驗證，驗證成功後將程式碼上傳至 UNO 主機板。待程式碼載入 UNO 主機板後，點擊編譯視窗的監看視窗，然後，分別沿 X 軸、Y 軸的方向推動搖桿，觀察監看視窗的資料變化。

　　經過多次嘗試會發現，當搖桿處於中間位置時，監看視窗輸出的值並不是計算得到的中間值（511,511），而是（532,540）。這是搖桿的製作精度引起的，不影響正常使用。當然，如果搖桿的中間值能接近（511,511），那就更好啦！實驗中，可以通過測試選擇中間值接近（511,511）的搖桿。掃描二維碼，查看實驗效果。

實驗效果

▌圖 6　搖桿的序列埠輸出結果

6.3 詳細設計

前面環節確定了製作遙控小車所需的零組件,對零組件進行了測試,也瞭解了零組件的連接方式。接下來要對初步設計中提出的電路進行細化,確定組成遙控小車的各個零組件的詳細連接方式。

1. 零組件連接

掃描二維碼,查看發射端和接收端電路的連接過程。

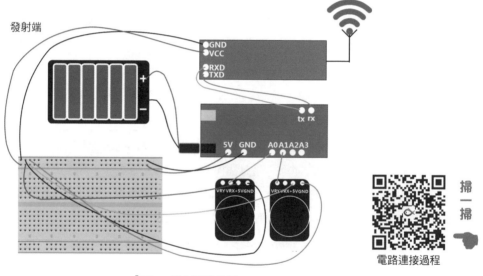

▎圖1　發射端連線圖

經過詳細設計後,發射端的電路圖如圖1所示。在遙控器的發射端,為了控制方便,使用了兩個搖桿,標記其中一個為速度桿,另一個為方向桿。速度桿的 VRX 腳位與 UNO 主機板的 A0 腳位相連,GND 腳位和 +5V 腳位通過麵包板分別與 UNO 主機板的 GND 和 5V 引腳相連。同理連接方向桿,將方向桿的 VRY 腳位與 UNO 主機板的 A1 腳位相連,GND 腳位和 +5V 腳位分別與 UNO 主機板的 GND 和 5V 腳位相連。接著,將

APC220 模組（已設置好參數，其參數的設置方法可參考第四章的"序列埠無線傳輸模組"）與 UNO 主機板相連，其中 APC220 模組的 TXD 腳位接 UNO 主機板的 RX 腳位，RXD 腳位接 UNO 主機板的 TX 腳位，GND 腳位和 VCC 腳位分別通過麵包板與 UNO 主機板的 GND 腳位和 5V 腳位相連。

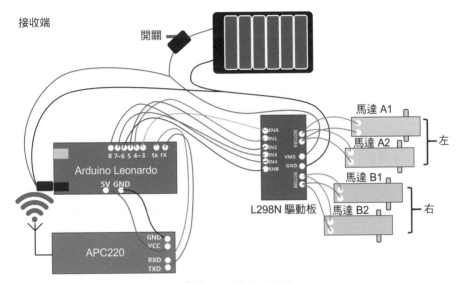

▍圖 2　接收端連線圖

　　遙控器的接收端電路圖如圖 2 所示。首先將 L298N 驅動板與 Leonardo 主機板相連，其中 L298N 驅動板的 ENA 腳位和 ENB 腳位分別與 Leonardo 主機板的 3 號和 6 號腳位相連，IN1、IN2、IN3、IN4 腳位分別與 Leonardo 主機板的 4,5,7,8 號腳位相連。將已經測試並做過標記的馬達分別與 L298N 驅動板的 MOTORA 和 MOTORB 兩個腳位相連。接著為接收端添加無線遙控裝置 APC220 模組（已設置好參數），連接方式同發射端。

　　最後需要考慮如何給整個系統進行供電。根據零組件性能，電路需要的電源電壓在 7~9V，因此，可以選擇能裝六節電池的電池盒（帶一組導線）。電源一部分要給主機板供電，需要一個電源插頭；一部分為 L298N 驅動板供電，需要一組導線（簡稱 A 組導線）。為了方便控制電源，需要給電源接上一個開關。

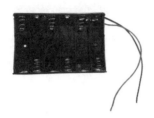 

▌圖 3　帶導線的電池盒　　　　▌圖 4　電源插頭　　　　▌圖 5　開關

　　連接電池盒時，先將接在電池盒上的正極導線剪成兩段，兩段導線分別焊接在開關的兩個腳上。焊接完成後，將電源插頭的正極、電池盒接線的正極和 A 組導線正極的絕緣層剝離，將裸露的導線擰成一股，並利用焊錫焊接在一起，然後纏上絕緣膠帶。用同樣的方式處理電源插頭的負極、電池盒接線的負極和 A 組導線的負極。供電系統焊接完成的實物圖如圖 6 所示。最後將 A 組導線的正極與 L298N 驅動板的 VMS 相連，A 組導線的負極與 L298N 驅動板的 GND 相連。

　　注意：當需要從電池盒引出電源為多個零組件供電，可考慮製作一塊配電板。

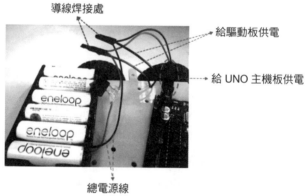

導線焊接處

給驅動板供電

給 UNO 主機板供電

總電源線

▌圖 6　電源系統焊接的實物圖

2. 控制原理

推動速度桿時，它的類比信號通過 A0 類比腳位，傳送 UNO 主機板，在 UNO 主機板處理後轉化為序列信號，通過 TX 和 RX 腳位傳遞給 APC220 模組，由其將序列信號發射出去。接收端的 APC220 模組接收到序列信號，通過 TXD 和 RXD 腳位將序列信號傳輸給 Leonardo 主機板處理轉化為 PWM 信號，再經過 3 號和 6 號 PWM 腳位輸出給 L298N 驅動板的 ENA 和 ENB 腳位，進而控制四個馬達的轉速。

向左推動方向桿時，它的類比信號經過 UNO 主機板的 A1 腳位進入 UNO 主機板，後者將之處理成序列信號後，經過 APC220 模組發射出去。遙控小車的接收端接收到序列信號後，將其傳輸至 Leonardo 主機板，經 Leonardo 主機板處理後，傳輸給 L298N 驅動板，進而降低遙控小車左邊兩個輪子的速度，這樣遙控小車就會向左轉彎。同理，向右擺動方向桿時，通過 L298N 驅動板會降低右邊兩個輪子的速度，使得遙控小車向右轉彎。

6.4 原型開發

設計工作完成之後，需要進行原型搭建。所謂原型是指車的電控部分，不包括車架、輪子等承載部分。原型搭建時，主要是根據詳細設計的零組件連接圖，將組成小車的零組件連接起來，然後編寫和測試遙控車的程式碼。

1. 電路連接

根據詳細設計部分的遙控車電路圖將組成遙控小車的零組件連接起來。連接時可以以 UNO 主機板為中心對其他零組件進行連接。需要注意，與 UNO 主機板相連接的電源先不要插入 Arduino 電源的插孔中，只有在最後對程式碼進行測試時才需要連通電源。

2. 程式碼編寫

遙控小車的整體架構分為遙控器端和小車端兩個部分。因此首先編寫遙控器程式碼，然後再編寫小車程式碼，這樣便於測試。本實驗將使用 Leonardo 處理板，它的 TX/RX 序列埠用 Serial1 以外，其他方面與 UNO 主機板並無差異。

（1）發射端程式碼

遙控器是遙控小車的發射端，它的程式碼主要是實現將搖桿輸出的類比信號處理成字串，並通過序列埠通信的方式發送出去。

```
//  定義部分
int xpin=A0;
int ypin=A1;
int xcount=0;                    //xcount 用於儲存當前讀取的 xpin 腳位的值
int xcountPrev=0;                //xcountPrev 用於儲存上一個 xpin 腳位的值
int ycount=0;                    //ycount 用於儲存當前讀取的 ypin 腳位的值
int ycountPrev=0;                //ycountPrev 用於儲存上一個 ypin 腳位的值
//  初始化部分
void setup()
{
    Serial.begin(9600);
    pinMode(xpin,INPUT);
    pinMode(ypin,INPUT);
}
//  主函式部分
void loop()
{
    xcount=analogRead(xpin);
    ycount=analogRead(ypin);
    if(!compare(xcount,xcountPrev))          // 利用 compare() 函式比較當前 xpin
腳位的值 xcount 與 xpin 腳位的上一個值 xcountPrev 是否相同
    {
        String val=String(xcount);           // 將當前 xcount 的值轉化為 String
格式存入 String 變量 val 中
        val="T"+val;                         // 為 val 變數加上標誌量的"T"
        val=fillup(val);                     // 利用 fillup() 將 val 的長度填滿至 7 個字元
        Serial.println(val);                 // 利用序列埠輸出的方式將 val 輸出
        xcountPrev=xcount;                   // 將 xcount 的值數值給 xcountPrev
    }
```

```
    if(!compare(ycount,ycountPrev))          // 利用 compare() 函式比較當前 xpin
腳位的值 xcount 與 xpin 腳位的上一個值 xcountPrev 是否相同
    {
        String val=String(ycount);          // 將當前 ycount 的值轉化為 String
格式存入 String 變量 val 中
        val="X"+val;                      // 為 val 變數加上標誌量的"X"
        val=fillup(val);                  // 利用 fillup() 將 val 的長度填滿至 7 個字元
        Serial.println(val);              // 利用序列埠輸出的方式將 val 輸出
        ycountPrev=ycount;                // 將 ycount 的值數值給 ycountPrev
    }
    delay(100);
}
// 自訂函式 fillup()
String fillup(String cmd)
{
    if(cmd.length()<7) // 判斷 cmd 的字元長度是否小於 7
    {
        for(int i=cmd.length();i<7;i++)     // 利用 for() 為 cmd 補足"X"至字元長
度為 7 位
        {
            cmd+="X";
        }
    }
    return cmd;                          // 返回補足"X"後的 cmd
}
// 自訂函式 compare()
bool compare(int x int y)              // 利用 compare() 函式將 x 值與 y 值進行對比
{
    if(abs(x-y)<=1)
    {
        return true;
    }
    else
```

```
    {
        return false;
    }
}
```

發射端的程式碼有五個部分組成：定義部分、初始化部分、主函式部分及兩個自訂函數 fillup() 和 compare()。

主函式中首先利用 analogRead() 函式讀取 xpin 和 ypin 的腳位值，然後執行 if() 函式。執行 if() 函式時，先對 if() 的條件進行判斷。這裡 compare() 是自訂函式，執行 compare() 函式是去判斷當前讀取的 xpin 腳位值與上一個 xpin 腳位值是否相同，避免發送重複指令。如果不相同，返回執行 if() 函式，在 if() 函式中先將 xpin 腳位的數值 xcount 轉化為 string 類型，再為 xcount 添加標誌量 "B"，添加標誌量是為了接收端的程式能夠判斷傳輸過來的是速度資訊還是方向資訊。接著利用 fillup() 函式將 xcount 值的長度補足到 7 位，利用序列埠傳輸的方式將補足後的 xcount 值發送出去，最後將 xcount 值存入 xcountPrev 中。同理，對於 ypin 腳位的值 ycount 也是如此。

（2）發射端測試

拔掉發射端 APC220 模組與 UNO 主機板相連的 TX 和 RX 腳位，利用 USB 資料線將 UNO 主機板與電腦相連，對發射端的程式碼進行驗證，上傳。將接收端的 APC220 模組拆下來與 USB 轉換器相連，插在電腦的 USB 腳位上。打開 Arduino IDE 的序列埠監視器，推動方向桿和速度桿，可以看到序列埠監視器中的資料變化。掃描二維碼，查看實驗效果。

（3）接收端程式碼

遙控小車的接收端是小車，程式碼主要功能是接收小車的遙控端傳輸的資料，然後，對資料進行分析，判斷接收到的資料是"指揮"接收端程式碼改變小車速度，還是改變小車方向。

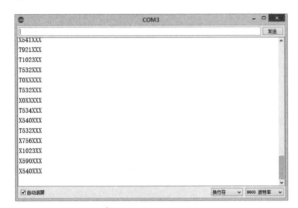

實驗效果

█圖1　資料變化圖

```
// 創建類別 Reciever
class Reciever
{
    ......
};
// 定義部分
int dir1PinA=4;int dir2PinA=5;int speedPinA=3;
int dir1PinB=7;int dir2PinB=8;int speedPinB=6;         // 定義用到的腳位
int throttleValue=0;int turnValue=0;                   // 定義程式中用到的變數
Reciever reciever;                          // 創建 reciever 實例
char command[9];                            // 定義一個 char 型陣列 command[9]
// 初始化部分
void setup()
{
    Serial1.begin(9600);              // 初始化序列埠
    while(!Serial1)
```

```
    {
    }                               // 利用 while() 函式判斷是否接收到資料
    pinMode(dir1PinA,OUTPUT);
    pinMode(dir2PinA,OUTPUT);
    pinMode(speedPinA,OUTPUT);

    pinMode(dir1PinB,OUTPUT);
    pinMode(dir2PinB,OUTPUT);
    pinMode(speedPinB,OUTPUT);

    delay(500);
    digitalWrite(dir1PinA,HIGH);
    digitalWrite(dir2PinA,LOW);
    digitalWrite(dir1PinB,HIGH);
    digitalWrite(dir2PinB,LOW);
}                                   // 初始化腳位的模式和腳位的狀態
// 主函式部分
void loop() {
    reciever.Update();
    if(reciever.IsMessageComplete()==true)
    {
        strncpy(command,reciever.GetMessage(),9);
        interpreter(command);
    }
}                                   // 主函式主要獲取發射端傳輸的資料
// 自訂函式 interpreter()
void interpreter(char* msg)
{
    //Serial1.println(msg);         // 測試時觀察收到的遙控指令
    for(int i=0;msg[i]!='X'&&i<=9;i++)
    {
        if(msg[i]=='T')
        {
```

```
            int value=extractValue(i,msg);
            Throttle(value);
        }
        else if(msg[i]=='B')
        {
            int value=extractValue(i,msg);
            Turn(value);
        }
    }
}
// 自訂函式 Throttle()
void Throttle(int value)
{
    int t=value;
    t=map(t,512,1023,0,250);
    throttleValue=t;
    UpdateCar();
}
// 自訂函式 Turn()
void Turn(int value)
{
    turnValue=value; UpdateCar();
}
// 自訂函式 UpdateCar()
void UpdateCar()
{
    if(turnValue!=513)
    {
        float turnRate=1.0-abs(turnValue-513)/513.0;
        if(turnValue-513>0)
        {
            analogWrite(speedPinA,throttleValue*turnRate);
            analogWrite(speedPinB,throttleValue);
```

```
        }
        else if(turnValue-513<0)
        {
            analogWrite(speedPinA,throttleValue);
            analogWrite(speedPinB,throttleValue*turnRate);
        }
        else
        {
            analogWrite(speedPinA,throttleValue);
            analogWrite(speedPinB,throttleValue);
        }
    }
}
// 自訂函式 extractValue()
int extractValue(int startIndex,char* msg)
{
    String v="";
    int j=startIndex+1;
    for(;msg[j]>='0'&&msg[j]<='9';j++)
    {
        v+=msg[j];
    }
    return v.toInt();
}
```

　　遙控車接收端的程式碼比較長，但理解起來並不是很困難。程式由一個序列埠接收類、定義部分、初始化部分、主函式部分和五個自訂函式 interpreter()、Throttle()、Turn()、UpdataCar()、 extractValue() 組成。

　有關類別部分的內容，掃描二維碼可在網站上找到帶有類別的完整程式碼。在程式碼的初始化部分，由於接收端使用的是 Leonardo 主機板，所以使用 Serial1.begin() 進行序列埠的初始化。若使用的是 UNO 主機板，則需要使用 Serial.begin() 進行初始化。後續的程式中有類似情況，也採用這樣的方式處理。接著，利用 while() 函式判斷序列埠是否有數據傳入，若有數據傳入，就對用到的 Leonardo 腳位進行初始化。

掃一掃

完整程式碼

　在主函式中，利用 if() 函式判斷是否有數據傳入，若有數據傳入，則將 reciever.GetMessage() 獲得的資料存放至 command 中，然後運用 interpreter() 函式對資料 command 進行解析。這樣程式的執行就跳轉到自訂函式 interpreter() 中。

　在自訂函式 interpreter() 函式中，先利用 for() 迴圈對 command 中的每一個字元進行檢查，若 command 中出現字元 "T"，說明 command 命令是用於控制小車速度的，需要執行 extractValue() 函式。程式將取出 command 中的數值部分，運用函式 Throttle()，進而調節小車的速度。若 command 中出現字元 "B"，說明 command 命令是用於控制小車方向的，需要執行 extractValue() 函式。程序將取出 command 中的數值部分，運用函式 Turn()，進而調節小車的方向。

（4）接收端測試

　在完整電路圖基礎上拔掉 APC220 模組與 Leonardo 主機板相連的 TX 和 RX 腳位，將接收端的程式碼上傳至 Leonardo 主機板上。將另一個 APC220 模組與 USB 轉換器相連後，插到電腦的 USB 介面上。

打開序列埠測試助手，在輸入框中輸入以字母 "T" 開頭，"X" 結尾的字元，例如 "T340X"，可以看到四個馬達以相同的速度旋轉；在輸入框中輸入以字母 "B" 開頭，"X" 結尾的字元，例如 "B600X"，可以看到四個馬達中的兩個馬達的轉速發生改變。掃描二維碼，查看實驗效果。

實驗效果

3. 整體測試

原型的零組件和程式碼一切準備就緒。先將遙控端的程式碼上傳至遙控端的 UNO 主機板，在上傳前將接在 UNO 主機板的 TX 腳位和 RX 腳位的跳線拔下，等到上傳後，再將 TX 腳位和 RX 引腳的跳線接上。同樣的方法，將小車端的程式碼上傳至 Leonardo 主機板。

待程式碼上傳完成後，在四個馬達上粘貼一條窄紙片，推動方向桿，觀察馬達上紙片的轉速，接著再次推動方向桿觀察四個馬達的轉速變化。

實驗效果

6.5 承載平臺選擇

1. 車架的選擇

　　我們已成功搭建了小車的原型，實現了小車的基本功能。下一步需要為小車選擇一個平臺，將原型的內容放在承載平臺上，構成一個真正的遙控小車。這裡選擇的承載平台有兩個基本支架：頂面和底面，其上有很多孔洞，它們是根據擺放零組件的需要而預設的。

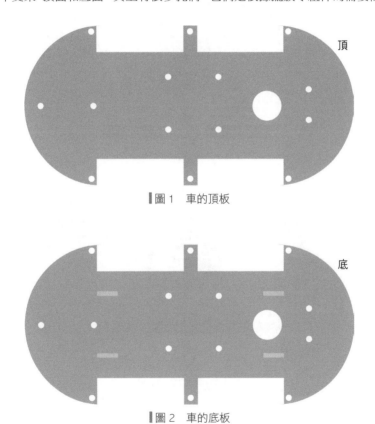

頂

▌圖 1　車的頂板

底

▌圖 2　車的底板

2. 車的零組件佈局和整合

（1）零組件佈局

零組件擺放的規劃如圖 3 和圖 4 所示。電池盒、Leonardo 主機板、麵包板固定在頂板上，馬達和驅動板固定在底板上。

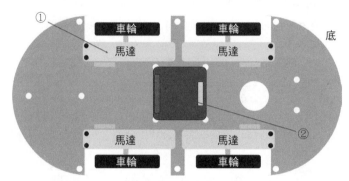

圖3　車底板佈局圖

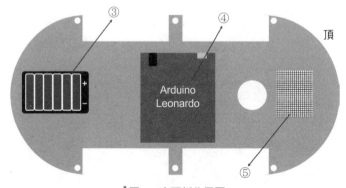

圖4　車頂板佈局圖

（2）車的總裝

有關零組件在承載平臺上的擺放規劃已完成。下一步是要將零組件固定在承載平臺上。

① 在固定小車端的時候，先用螺絲將馬達固定在車底板上，固定時要注意馬達接線的方向，不要將馬達的接線端方向固定反了，接著安裝車輪。

② 利用螺絲將 L298N 驅動板固定在車底板上，將做過標記的馬達和 L298N 驅動板進行連接，注意導線不要接反。

③ 利用螺絲將電池盒固定在頂板上，將電源中一組導線的正極、負極分別與 L298N 驅動板的 VMS 腳位和 GND 腳位相連。

④ 利用螺絲將 Leonardo 主機板固定在小車頂板上。

⑤ 利用雙面膠將麵包板固定在小車頂板上，將 APC220 模組插入麵包板，然後連接 Leonardo 主機板和 APC220 模組。

⑥ 利用銅柱將小車頂板和底板拼合在一起，連接 Leonardo 主機板和 L298N 驅動板。

⑦ 往電池盒中裝入電池，小車的電源插孔插到 Leonardo 主機板上，打開小車電源的開關。將發射端的電源插到 UNO 主機板上，向前推動遙控器的速度桿，小車獲得向前的速度，推動幅度越大，小車行駛速度越快。向左擺動方向桿，小車向左轉彎；向右擺動方向桿，小車向右轉彎。

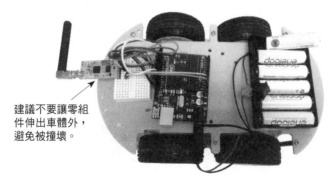

建議不要讓零組件伸出車體外，避免被撞壞。

▌圖 5　小車的實物圖

3. 遙控器的零組件佈局

　　小車的遙控器外殼可以根據自己的需要進行製作。這裡提供一種方法，採用一個雙層的紙盒做遙控器的外包裝。在紙盒的中間放上一塊硬紙板，將紙盒隔成上下兩層。它的俯視圖和左視圖如圖 6 和圖 7 所示。在紙盒的上方開一個孔，方便固定 APC220，在紙盒的中間隔板上開一個小孔，方便跳線的連接。

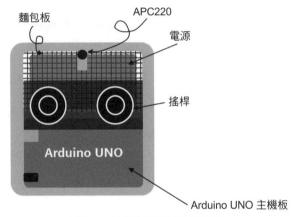

圖 6　遙控器內部結構俯視圖

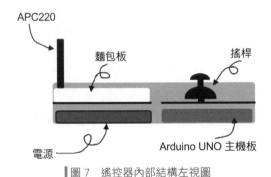

圖 7　遙控器內部結構左視圖

　　為加強固定作用，可以用泡沫膠將兩個搖桿粘貼在硬紙板上，將麵包板、UNO 主機板和 APC220 模組粘貼在紙盒的底部。

▌圖 8　遙控器的實物圖

　　至此完成遙控小車的製作。接下來可以組織一場小型競技賽，人手一輛遙控小車，看誰率先到達指定地點。或者設置一個迷宮尋寶的任務，看誰能遙控自己的小車出入迷宮。掃描二維碼，查看實際效果。

實驗效果

 有多輛車的情況下，需要將 APC220 設置為不同的參數，以免相互干擾。

本章小結

本章主要講解了如何製作一輛遙控小車。在此過程中發現，遙控小車其實是由電子硬體 + 程式碼 + 承載平臺三層疊加而成。通過功能模組的設計、嘗試、改進和測試，最終將整個想法實現了。平時生活中遇到一些廢舊的電動車、坦克模型等，它們都是很好的改裝材料，注意多多收集哦。

掃一掃

本章程式碼

 擴展案例

在本章的引言部分，計畫是製作一輛可以實現前進、後退、左轉和右轉的遙控小車。你一定發現，最後完成的遙控車沒有後退的功能。這是因為在遙控車接收端的程式碼中並沒有控制遙控小車後退的程式碼，你能將這部分程式碼補充完整，讓小車能夠後退嗎？

掃描二維碼，將你的程式碼上傳到本書的網站與大家共用吧！你還可以 掃描二維碼，查看已上傳的程式碼。

掃一掃

線上交流

CHAPTER 07

遙控戰鬥艦

在前一章製作遙控小車的基礎上，本章將製作一艘遙控船。它有戰鬥艦的外形，可以在水面上行駛，實現前進、後退、加速、減速和轉向功能。

7.1 初步設計

1. 總體概念

遙控船的總體概念如圖 1 所示。遙控船由遙控器和船體兩個部分組成，遙控器負責給船體發送控制命令，船體接收到命令後，執行相應的操作。

圖 1　遙控船概念圖

2. 電控系統

根據製作遙控小車的經驗，遙控船的電控系統需要 UNO 主機板、APC220 模組、L298N 驅動板、馬達和伺服馬達等零組件。零組件之間通信的方式如圖 2 所示。船體部分電控系統的 APC220 模組用於接收遙控器發送的字串。字串經過 UNO 主機板處理轉化為 PWM 信號，PWM 信號分為兩路：一路作用於 L298N 驅動板，控制馬達轉速；另一路作用於伺服馬達，控制伺服馬達轉動。

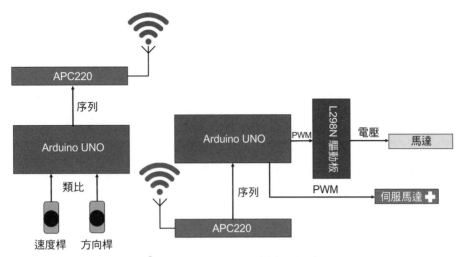

┃圖 2　遙控船的電控系統概要設計

　　為了方便操縱遙控船，需要製作一個遙控器。遙控器有兩個搖桿，一個負責控制船行駛的速度，另一個負責控制船行駛的方向。

　　遙控船工作時，速度桿（可變電阻）輸出的類比信號經過 UNO 主機板處理為字串後，由發射端的 APC220 模組發射出去。船體上的 APC220 模組接收到字串後，經過 UNO 主機板處理為 PWM 信號，通過 L298N 驅動馬達，使船前進或後退。方向桿輸出的類比信號經過 UNO 主機板處理為 PWM 信號後，通過 APC220 模組發射出去。船體上的 APC220 模塊接收到信號後，經 UNO 主機板處理成 PWM 信號，傳輸給伺服馬達，控制伺服馬達旋轉，改變遙控船的行駛方向。

7.2 實驗驗證

初步設計確定之後，需要對製作遙控船的主要零組件——APC220 模組、L298N 驅動板、馬達和伺服馬達進行檢測，確保模組無損，能夠正常使用。

1. L298N 驅動板和馬達的檢測

L298N 驅動板是控制馬達速度的模組，測試 L298N 驅動板可以參考第六章 "遙控小車" 中的相關測試。

2. 伺服馬達檢測

伺服馬達是控制遙控船行駛方向的模組。測試伺服馬達可參考第二章 "Arduino 基礎實驗" 的 "9 克伺服馬達"。

3. APC220 模組檢測

參考第四章的 "序列埠無線傳輸模組" 中的相關測試。

7.3 電控系統的詳細設計

本節將對初步設計中的結構圖進行細部說明，確定零組件之間腳位的連接和供電方式等細節。

1. 零組件連線圖

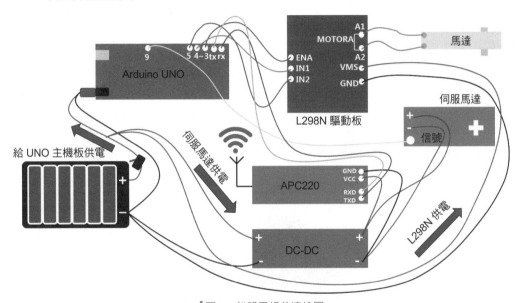

圖 1　船體零組件連線圖

根據圖 1 連接船體部分的零組件。這個電路連接的要點在於如何給所有零組件供電。從電池盒分出 3 路電源線，一路給 L298N，一路給 UNO 主機板，還有一路經直流降壓後給伺服馬達。APC200 模組直接從 UNO 主機板取電。

掃描二維碼，查看電路的連接過程。

掃一掃

電路連接過程

> **Tips**　做原型時不需要焊接電路，而是將電源的正極和負極導線連接到麵包板上，這樣 L298N 驅動板、DC-DC 模組等可以接到麵包板上由此取電。整合時需要焊接，否則在遙控船行駛的過程中，如果出現顛簸，麵包板上的導線可能會產生鬆動，遙控船就會停止運行。

◆ **焊接電池盒接線**：選擇三根紅色的導線作為正極導線，剝除導線的絕緣層，露出 1cm
左右的導線。然後將裸露的三根導線端擰成一股，利用電烙鐵將這股線與電池盒正極
的銅片焊接在一起。選擇三根黑色的導線，以同樣的方式與電池盒負極的銅片焊接在
一起。

◆ **連接直流變壓模組**：即將 DC-DC 模組和伺服馬達連接起來。伺服馬達需要較大的電流，
如果直接從 UNO 主機板取電，會由於電流過大而導致 UNO 主機板重新啟動。因此，
需要利用 DC-DC 降壓器，為伺服馬達提供穩定的電源。

DC-DC 轉換器是一種可以將一個直流電壓（例如 9V）轉化為另一個直流電壓（例如 5V）的
零組件。這裡使用的 DC-DC 轉換器的輸入範圍是 3.8~32V，輸出範圍是 1.25~35V。

使用 DC-DC 模組時，先要檢測它的輸出電壓是否為 5V。若輸出電壓不是 5V，可以轉動
DC-DC 模組的可變電阻調節，使輸出電壓達到 5V。具體操作如圖 3 所示，用螺絲刀旋轉模
組上的可變電阻，然後用萬用電表測量該模組輸出端的電壓。當輸出端電壓為 5V 時，停止
旋轉可變電阻。

可變電阻

▌圖 2　DC-DC 模組實物圖

旋轉這個旋鈕，調整
到輸出電壓為 5v 為止

▌圖 3　調整 DC-DC 的輸出電壓

連接電源、DC-DC 模組、伺服馬達和 APC220 這四個零組件時，先要完成電源線與 DC-DC 模組輸入端的焊接，接著完成 DC-DC 模組的輸出端與伺服馬達、APC220 的焊接，具體的焊接方式可以參考附錄 1。再完成伺服馬達和 APC220 其他腳位的連接。最後，根據圖 1 將 L298N 驅動板接入電路，完成船體部分的零組件連接。

2. 控制原理

船體部分的 APC220 模組接收到序列信號，將序列信號處理成控制船速和方向的 PWM 信號。控制船速的 PWM 信號通過 L298N 驅動板控制馬達的轉速；控制方向的 PWM 信號直接作用於伺服馬達，改變伺服馬達轉動的角度，控制船行駛的方向。

7.4 原型開發

將遙控船的接收端零組件，根據詳細設計圖連接完畢，但先不要連接 APC220 的 TXD 和 RXD 腳位（否則無法上傳程式碼到 UNO 主機板），然後將編寫完成的程式上傳到 UNO 主板。測試時，先保持 UNO 主機板和電腦 USB 有線連接，用 Arduino IDE 的序列埠視窗發送指令。在有線連接的條件下測試成功之後，再用 APC220 替換 USB 連接線，進行無線測試。

以下這段程式碼的目的是用字母（ 'a' 、 's' 、 'd' 、 'w' 、 'x' ）控制船的前進、後退、左轉和右轉；用數位（0~9）控制馬達轉速。

1. 程式碼編寫

```
// 定義部分
#include<Servo.h>
String intString="";
int dir1PinA = 4;              //Arduino 的 4 和 5 號管腳分別連接 IN1 和 IN2
int dir2PinA = 5;
int speedPinA = 3;             //Arduino 的 3 號 PWM 輸出管腳連接 ENA
int command=0;                 //Control command
int speed;                     // 定義速度變數, PWM 輸出範圍為 0~255
Servo servo1;
int angle=90;
int angleStep=5;
// 初始化部分
void setup() {
    Serial.begin(19200);
    pinMode(dir1PinA,OUTPUT);
    pinMode(dir2PinA,OUTPUT);
    pinMode(speedPinA,OUTPUT);
    speed = 0;// 初始化速度為 0
    servo1.attach(9);
    servo1.write(angle);
    delay(500);
}
// 主函式部分
void loop(){
    command=Serial.read();
    switch(command)
    {
    case 'w':case 'W':case 's':case 'S':
        TurnMotor(command);
        break;
    case 'a':case 'A':case 'd':case 'D':case 'x':case 'X':
        TurnServo(command);
```

```
        break;
    }
    if(command>='0'&&command<='9')
    {
        TurnMotor(command);
    }
}
// 自訂函式 TurnMotor()
void TurnMotor(char cmd)
{
    if(cmd=='w'||cmd=='W')
    {
        digitalWrite(dir1PinA, HIGH);        // 馬達正轉
        digitalWrite(dir2PinA, LOW);
    }
    else if(cmd=='s'||cmd=='S')
    {
        digitalWrite(dir1PinA, LOW);         // 馬達反轉
        digitalWrite(dir2PinA, HIGH);
    }
    else if(cmd=='0')
    {
        digitalWrite(dir1PinA, HIGH);        // 馬達停止轉動
        digitalWrite(dir2PinA, HIGH);
        speed=0;
    }
    if(cmd>='1'&&cmd<='9')                    // 馬達以不同的速度轉動
    {
        intString+=(char)cmd;
        speed=map(intString.toInt(),1,9,75,250);
        Serial.println(speed);
        intString="";
    }
```

```
    analogWrite(speedPinA, speed);              // 輸出 PWM 脈衝到 ENA 腳位
    delay(1000);
}
// 自訂函式 TurnServo void TurnServo(char cmd)
{
    if(cmd=='a'||cmd=='A')                      // 如果 cmd 的值為 a 或者 A
    {
        if(angle>=50)                           // 伺服馬達此時的角度大於等於 50°
        {
            angle-=angleStep;                   // 讓伺服馬達的角度減小 5°
            servo1.write(angle);
        }
    }
    else if(cmd=='d'||cmd=='D')                 // 如果 cmd 的值為 d 或者 D
    {
        if(angle<=130)                          // 伺服馬達此時的角度小於等於 130
        {
            angle+=angleStep;                   // 讓伺服馬達的角度增大 5°
            servo1.write(angle);
        }
    }
    else if(cmd=='x'||cmd=='X')                 // 如果 cmd 的值為 x 或者 X
    {
        angle=90;                               // 設置伺服馬達的角度為 90°
        servo1.write(angle);
    }
    delay(200);
}
```

在主函式中利用 Serial.read() 讀取序列埠接收到的字元，並將值存放入 commad 變數中。然後 switch() 函式判斷此時 commad 值的情況。

如果 commad 的值等於 'W'、'w'、'S'、's'，那麼調用自定義函式 TurnMotor()，實現馬達的正轉和反轉。

如果 commad 的值等於 'a'、'A'、'd'、'D'、'x'、'X'，那麼運用自定義函式 TurnServo()，實現伺服馬達角度的旋轉。

如果 commad 的值等於 1~9，那麼運用自訂函式 TurnMotor()，實現馬達轉速的變化。

2. 測試

（1）確認 APC220 模組的 TXD 和 RXD 腳位已經從 UNO 主機板上取下，然後將船的電控程式碼上傳至 UNO 主機板。

（2）在序列埠窗中輸入 'W'，按回車鍵（設馬達為正轉）；接著輸入 '5'，按回車鍵（調整馬達轉速）。觀察馬達是否正轉。

（3）再輸入其他字元（'a'、's'、'd'、'x'）和數字，觀察馬達和伺服馬達是否回應。

（4）有線狀態下測試成功後，拔下 USB 與電腦的連線，將一對 APC220 分別接到 UNO 主機板和電腦上，再次測試無線傳輸是否正常。

（5）在序列埠窗中輸入字元 'a' 或者 'd'，可以看到伺服馬達旋轉一個角度；輸入字元 'x'，伺服馬達旋轉到 90°。掃描二維碼，查看測試的效果。

掃一掃

測試效果

▌圖 1　船體部分的電控系統原型

7.5 遙控船的整合

1. 船殼的選擇

船殼是承載遙控船原型的主要平臺,你可以根據自己的喜好選擇不同類型的船殼。船殼需要滿足的條件有

(1)船殼內部有足夠大的空間以固定原型中的零組件。

(2)船殼要有比較好的水密性,船殼的介面盡可能要少。

(3)船殼要有比較好的穩定性,不容易側翻。基於上述要求,我們選擇的船殼如圖 5 所示。

▌圖 1　船殼的實物圖

2. 船殼上的零組件佈局

根據船殼的內部架構,將遙控船中船體需要的零組件固定在船殼上。零組件在船殼上的佈局視圖如圖 2、圖 3 所示。

▌圖 2　俯視圖

舵　　螺旋槳

▍圖 3　側視圖

3. 遙控船的整合

設計好零組件在船殼上的位置之後，就可以組裝遙控船了。組裝遙控船是一項需要十分耐心的工作，這裡簡要講解組裝步驟，實施過程中的注意事項掃描二維碼查看。

掃一掃

注意事項

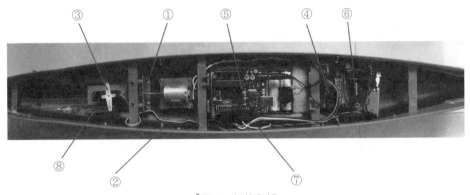

③　　①　⑤　④　⑥

⑧　②　⑦

▍圖 4　船艙內部

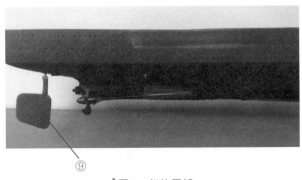

⑨

▍圖 5　船的尾部

簡要介紹遙控船整合的步驟參見圖 4 和圖 5。

（1）用矽脂潤滑齒輪，再用螺絲將齒輪箱固定在船艙中。焊接馬達的接線，利用螺絲將
馬達固定在圖中所示的位置，利用軟管將齒輪箱與馬達連接起來。

（2）利用滲縫膠將船艙與船舷板粘在一起，粘的時候需要邊刷膠水邊粘。

（3）將伺服馬達、L298N 驅動板固定在船艙中。

（4）將電池裝入電池盒後，固定在船艙中。在電池盒上放置一塊透明的塑膠板，將
UNO 主機板固定在塑膠板上。

（5）製作一個配電板，將配電板和 DC-DC 模組固定在船艙中。

（6）根據電控系統的詳細設計電路圖，連接電路。注意原本 DC-DC 輸出端有兩條接線，
這裡只固定一條接線，將接線的正負極接到配電板上，這樣 APC220 和伺服馬達的
5V 和 GND 腳位都能從配電板上取電。

（7）對遙控船進行階段性測試，確定遙控船的零組件組裝是正確的。利用電腦發送控制
馬達和伺服馬達的信號，觀察馬達和伺服馬達的轉動情況。

（8）在確定馬達和伺服馬達轉動正確的情況下，為船裝上螺旋槳，裝好之後為螺旋槳的
槳軸套上塑膠軟管。

（9）為船裝上尾舵。

（10）在槳軸上注入矽脂進行油封。

（11）將組裝好的船放入水中，進行水密性測試。

7.6 遙控器的設計

如果端著一台筆記型電腦去野外試航，會發現這樣的遙控方式很笨拙，不方便操作。因此需要為遙控船製作一個遙控器。

1. 遙控器的詳細設計

遙控器的零組件連線如圖 1 所示。首先速度桿的 VRX 腳位與 UNO 主機板的 A0 腳位相連，GND 腳位和 5V 腳位通過麵包板分別與 UNO 主機板的 GND、5V 腳位相連。同理連接方向桿，將方向桿的 VRY 腳位與 UNO 主機板的 A1 腳位相連，GND 腳位和 5V 腳位分別與 UNO 主機板的 GND、5V 腳位相連。接著，將 APC220 模組與 UNO 主機板相連，其中 APC220 模組的 TXD 接 UNO 主機板的 RX，RXD 接 UNO 主機板的 TX，GND 腳位和 VCC 腳位分別通過麵包版接在 UNO 主機板的 GND 腳位和 5V 腳位上。掃描二維碼，查看電路接線的方式。

工作時，推動速度桿和方向桿，速度桿的 VRX 和方向桿的 VRY 輸出的類比信號進入 UNO 主機板，經過 UNO 主機板處理後轉化為字串，通過 APC220 發送出去，以控制船的馬達和伺服馬達的轉動。

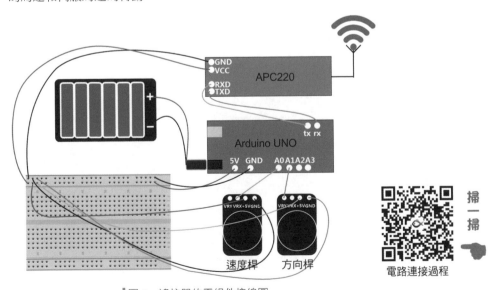

▌圖 1　遙控器的零組件接線圖

2. 搖桿測試

參考第六章 "遙控小車" 中的搖桿檢測。

3. 程式碼編寫

遙控器程式碼的功能是讀取速度桿和方向桿的輸入值，然後對當前的輸入值和前一次的輸入值、當前時間和前一次輸入數值的時間進行比較。如果當前輸入值和前一次輸入值不同，或者當前時間和前一次輸入數值的時間之差大於 200 毫秒，那麼就會對輸入值進行編碼，然後將數值發送出去。

```
// 定義部分
char buffer[8];
int xpin=A0;
int ypin=A1;
int ycount=0;
int ycountPrev=0;
int xcount=0;
int xcountPrev=0;
unsigned long previousMillisT,previousMillisB;        // 定義腳位和變數
// 初始化部分
void setup()
{
    Serial.begin(9600);
    pinMode(xpin,INPUT);
    pinMode(ypin,INPUT);// 初始化腳位和序列埠
}
// 主函式部分
void loop()
{
    xcount=analogRead(xpin);
    ycount=analogRead(ypin);
    //ypin 腳位前後兩次的輸出值是否相同 或者時間是否超過了 200ms
```

```
//xpin 腳位前後兩次的輸出值是否相同 或者時間是否超過了 200ms
if (!compare(xcount, xcountPrev)|| millis()-previousMillisB>=200)
{
    String val=String(xcount);
    val="T"+val+"X";
    SendMessage(val);
    previousMillisB = millis();
    xcountPrev = xcount;
}
if (!compare(ycount, ycountPrev)|| millis() - previousMillisT >= 200)
{
    String val=String(ycount);
    val="B"+val+"X";
    SendMessage(val);
    previousMillisT = millis();
    ycountPrev = ycount;
}
delay(100);
}
// 自訂函式 SendMessage()
void SendMessage(String text)
{
    const char *msg = buffer;
    text.toCharArray(buffer, 8);
    Serial.println(text);               // 將資料發送出去
    delay(50);
}
// 自訂函式 compare()
bool compare(int x, int y)
{
    if(abs(x-y)<=1)
    {
```

```
        return true;
    }
    else
    {
        return false;// 比較上一次的值和這一次的值之間的關係 如果兩次值的差值小於 1 那
麼返回 true 否者返回 false
    }
}
```

　　控制遙控器的程式分為五個部分：定義部分、初始化部分、主函式部分、自訂函數
SendMessage() 和 compare()。

　　在主函式中首先利用 analogRead() 函式讀取 xpin 引腳和 ypin 引腳的值，並分別存
入 xcount 和 ycount 中。接著，利用 if() 函式判斷當前的 xcount 的值和前一個輸入值
xcountPrev，如果當前的 xcount 值和前一個輸入值 xcountPrev 不相等，或者當前的時間
值與輸入前一個值 xcountPrev 的時間之差大於 200 毫秒，那麼為 xcount 值加上字元 "T"
和 "X" 的標誌，然後執行 SendMessage() 函式，並將加上字元後的資料發送出去。字元
"T" 的作用是告知船的接收端程式，這是控制馬達速度的資料，"X" 是資料的結束標誌。
最後將當前的時間值存入 xcountPrev 中。

　　用同樣的方式處理 ypin 腳位輸入的數值 ycount，將 ycount 的值加上字元 "B" 和 "X"
的標誌後，利用 SendMessage() 函式將加上字元後的資料發送出去。字元 "B" 的作用是
告知船的接收端程式，這是控制伺服馬達旋轉角度的資料，"X" 是資料的結束標誌。

4. 測試

根據詳細設計的遙控器零組件接線圖，將組成遙控器的零組件連接起來。將另一個 APC220 模組與 USB 轉換器相連，插在電腦的 USB 腳位上。打開 Arduino IDE 的序列埠監視器，推動方向桿和速度桿，觀察序列埠監視器中資料的變化。

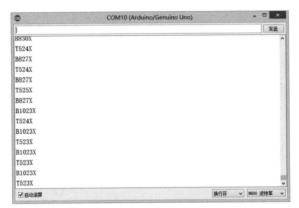

▌圖 2　序列埠測試圖

7.7　更新船的程式碼

在遙控船的原型搭建中，利用簡單的字元和數位控制遙控船的速度、轉向等功能。但是，遙控器發射的資料不是單個的數位和字元，而是字串。因此，要對遙控船的程式碼進行更新。此外，在原型搭建中，遙控船的程式碼是使用循序執行的方式去控制船的速度和方向，回應的效果不夠理想，因此，此處將使用第五章多工程式設計的思想更新船的程式碼。

1. 程式碼編寫

```
#include <Servo.h>                          // 運用伺服馬達的函式庫 Servo
enum ShipDirection{ Forward, Backwark };    // 定義列舉類型 ShipDirection
// 創建一個與伺服馬達有關的類別 ControlSurface
class ControlSurface
{
    ......
};
// 創建一個接收資料的類別 Reciever
class Reciever
{
    ......
};
// 創建一個馬達的類別
class DCMotor
{
    ......
};
// 創建一個船的類別
class Ship
{
    ......
};
// 定義部分
ControlSurface rudder;                      // 創建伺服馬達物件
DCMotor motor;                              // 創建馬達物件
Reciever reciever;                          // 創建序列埠接收器的物件
Ship ship;                                 // 創建船的物件
char command[9];                           // 存放接收到的命令
unsigned long prevCmdMillisconds;
// 初始化部分
void setup() {
```

```
    Serial.begin(9600);
    reciever.begin();
    motor.begin(4, 5, 3);                    // 通過 begin() 設定物件的腳位
    rudder.begin(9);                         // 通過 begin() 設定物件的腳位
    prevCmdMillisconds = 0;
    delay(200);
    Serial.println("Setup done!");           // 初始化用到的腳位 變數和序列埠
}
// 主函式部分
void loop()
{
    reciever.Update();                       // 對收到的資料進行更新
    if (reciever.IsMessageComplete() == true)// 如果接收到的資料完整
    {
        strncpy(command, reciever.GetMessage(), 9);// 將資料複製到 command 中
        interpreter(command);                    // 解析 command 中的資料
        prevCmdMillisconds = millis();       // 記錄接收資料當前的時間
    }
    if (millis() - prevCmdMillisconds >= 3000)
    {
        prevCmdMillisconds = millis();
    }
}
// 自訂函式 interpreter()
void interpreter(char* msg)// 解析收到的命令
{
    for (int i = 0; msg[i] != 'X'&&i <= 9; i++)
    {

        if (msg[i] == 'T')
        {
            int value = extractValue(i, msg);
            Throttle(value);
```

271

```
        }
        else if (msg[i] == 'B')
        {
            int value = extractValue(i, msg);
            Turn(value);
        }
        UpdateShip();
    }
}
// 自訂函式 Throttle()
void Throttle(int value)                              // 調節馬達的速度
{
    ......
}
// 自訂函式 Turn()
void Turn(int value)                                  // 調節伺服馬達的角度
{
    ......
}
// 自訂函式 UpdateShip()
void UpdateShip()                                     // 更新船的狀態
{
    ......
}
// 自訂函式 extractValue()
int extractValue(int startIndex, char* msg)           // 提取命令中的數值
{
    String v = "";
    int j = startIndex + 1;
    for (; msg[j] >= '0'&&msg[j] <= '9'; j++)
    {
        v += msg[j];
            }
    return v.toInt();
```

這個程式比較長，但理解起來並不困難。程式由四個類別、定義部分、初始化部分、主函式部分和五個自訂函式組成。具體的程式碼請掃描二維碼查看。

完整程式碼

類別是一種抽象的資料類型，這裡並不需要去深入地理解，只需要知道在程式中創建了有關伺服馬達、接收資料、馬達和船的類別即可。

定義部分根據之前創建的類別創建伺服馬達、接收資料、馬達和船的物件，並定義存放接收資料的變數 command 和儲存時間的變數 prevCmdMillisconds。

在主函式部分，首先是利用 reciever.Update(); 對接收到的資料進行更新，接著利用 if() 函式判斷接收到的資料是否完整，利用 strncpy 函式將接收到的資料放入 command 中，再運用 interpreter() 函式檢測 command。

在 interpreter() 函式中，首先利用 for() 迴圈檢測 command 中的每一個字元，遇到字符 "T"，說明這個 command 命令是控制馬達的轉動，那麼運用 extractValue() 函式取出 command 命令中的數值，再運用 Throttle() 函式調節馬達的轉速。

如果在利用 for() 迴圈檢測 command 中的每一個字元時，遇到字元 "B"，說明這個 command 命令是控制伺服馬達角度的，那麼運用 extractValue() 函式取出 command 命令中的數值，再運用 Turn() 函式調節伺服馬達的角度。

2. 測試

（1）將船體零組件中的 APC220 的 TXD 和 RXD 腳位從 UNO 主機板上取下，然後利用 USB 資料線連接 UNO 主機板與電腦。

（2）對更新後的船的程式碼進行驗證，驗證成功後將程式碼上傳至 UNO 主板。然後再將 APC220 的 TXD 和 RXD 引腳接到 UNO 主機板的 RX 和 TX 腳位上。

（3）推動遙控器的速度桿，觀察船的螺旋槳是否轉動；推動遙控器的方向桿，觀察船的舵片是否擺動。

掃描二維碼，查看測試效果。

測試效果

完成以上工作，一艘可以在水面上行駛的遙控船就製作好了。不妨在遙控船上豎一面帶有自己設計的 LOGO 的旗幟，將小船放到湖中，利用遙控器體驗小船的前進、後退和轉向等功能。掃描二維碼，查看小船實際行駛效果。

實際效果

▌圖 1　遙控船的測試

本章小結

　　本章主要講解如何製作一艘遙控船。前一章已經學習了遙控小車的製作，在無線遙控方面兩者非常相似，但相比於遙控小車，遙控船的供電電路連接和整合過程相對難些，也更有趣！

本章程式碼

　　通過 "遙控小車" 和 "遙控戰鬥艦" 兩個專案相信你已經很熟悉如何使用 APC220 無線傳輸模組了。那麼，你能製作一個可以無線控制的攝像頭底座嗎？這樣 可以控制攝像頭的擺動，或者讓攝像頭旋轉一定的角度。

　　如果你製作出好的作品，可以掃描下圖中的二維碼，上傳到本書的網站，與更多人分享！

線上交流

筆記欄

CHAPTER **08**

循跡小車

循跡小車是一種能夠自動地循著黑線行駛的"自主控制"小車。它是目前
為止我們接觸到的第一個完全自主式的專案。循跡小車"自主控制"的意
思是，當循跡小車行駛時，如果偏離了黑線，它會自動調整行駛的方向，
確保始終沿著黑線行駛。

8.1 初步設計

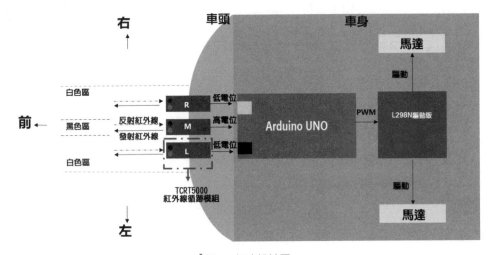

▎圖 1 初步設計圖

根據功能需求，設計圖如圖 1 所示。負責信號傳輸的主要元件有 TCRT5000 紅外線循
跡模組（3 個）、Arduino UNO、L298N 驅動板和馬達（2 個）。

信號傳輸的過程和原理是，循跡小車使用 3 個 TCRT5000 紅外線循跡模組——R、M 和
L 來辨別顏色。R、M 和 L 不斷向外，當發射的紅外線遇到黑色時，不會被反射回來，或
雖被反射回來但強度不夠大，TCRT5000 模組輸出高電位；相反，當發射的紅外線遇到白
色（或類似淺色）時，會被反射回來且強度足夠大，此時模組輸出低電位。

　　接著 Arduino 對 R、M 和 L 輸出的電位信號進行檢測和處理。當 R 為低電位，M 為 高電位，L 為低電位時，Arduino 向 L298N 驅動板發送 "forward" 的 PWM 信號，循跡小車向前行駛；當 R 為低電位，M 為高電位，L 為高電位時，向驅動板發送 "turn left" 的 PWM 信號，循跡小車向左轉；當 R 為高電位，M 為高電位，L 為低電位時，向驅動板發送 "turn right" 的 PWM 信號，循跡小車向右轉；當 R、M、L 都為低電位時，向驅動板發送 "stop" 的 PWM 信號，循跡小車停止運動。驅動板會根據收到的不同信號指示來驅動馬達轉動。

8.2　實驗驗證

　　完成循跡小車的初步設計後，根據初步設計的要求，需要對小車的一些主要部件進行實驗檢測，確保它們的功能都可以正常實現。

1. L298N 驅動板和馬達的檢測

　　參考第六章 "遙控小車" 中的相關檢測實驗。

2. TCRT5000 紅外線循跡模組檢測

　　在小車的初步設計中，小車的循跡功能（識別黑白色）是利用 3 個 TCRT5000 紅外線循跡模組實現的，所以需要對 3 個紅外線循跡模組進行測試，確保它們識別顏色的功能正常。

▌圖 1　紅外線循跡模組實物圖

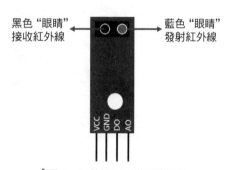

黑色 "眼睛" 接收紅外線

藍色 "眼睛" 發射紅外線

VCC　GND　DO　AO

▌圖 2　紅外線循跡模組的腳位

TCRT5000 紅外線循跡模組有 4 個引腳，實驗中只用到了其中 3 個——DO、VCC 和 GND。VCC 和 GND 是供電腳位，DO 是負責傳輸電位信號的腳位。工作時，紅外線循跡模組通過藍色和黑色的"眼睛"，不斷發射、接收紅外線來識別黑色和白色，並由 DO 腳位輸出高 / 低電位。

 Tips 紅外線循跡模組前面沒有障礙物，紅外線循跡模組的紅外線不能反射回來，此時便默認前方為黑色。障礙物距離紅外線循跡模組很近，比如貼在紅外線循跡模組上，那麼即便障礙物是黑色的，紅外線循跡模組也會反射回來足夠強的光，此時則認為前方是白色。

 實驗中使用的是輸出電位信號的 DO 腳位，沒有用到 AO 腳位。AO 腳位是類比信號輸出腳位，它的輸出值會隨著離障礙物距離的變化而變化。

（1）電路連接

對三個 TCRT5000 分別進行測試，目的是實現當黑色時，序列埠窗顯示 0，白色時顯示 1。測試電路如圖 3 所示。掃描二維碼，查看電路的連接過程。

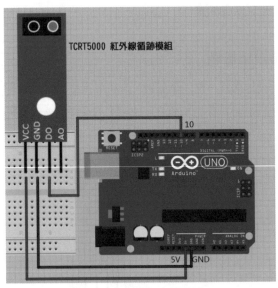

電路連接過程

圖 3　紅外線循跡模組接線圖

連接時，先將 TCRT5000 的引腳插入麵包版中。利用跳線將 TCRT5000 的 VCC、GND、DO 腳位分別與 UNO 主機板的 5V、GND、10 號腳位相連接。

（2）程式碼編寫

```
// 定義部分
int irPin=10;            //Arduino 的 10 號腳位與 TCRT5000 的 DO 相連
// 初始化部分
void setup()
{
    pinMode(irPin,INPUT);
    Serial.begin(9600);
}
// 主函式部分
void loop() {
    //讀取 irPin 腳位的電位值並進行 if 判斷，如果是低電位 序列埠監視器中輸出 0 相反則輸出 1
    if(digitalRead(irPin)==0)
    {
        Serial.println("0");// 輸出 0
    }
    else
    {
        Serial.println("1");// 輸出 1
    }
}
```

（3）測試

① 在已完成電路連接的基礎上，用 USB 資料線將 UNO 主機板與電腦進行連接。

② 打開 IDE，將測試的程式碼寫入 IDE 中。對程式碼進行驗證，將驗證成功後的程式碼上傳至 UNO 主機板。

③ 先把一張黑色的紙板放在 TCRT5000 下方，觀察 IDE 序列埠監視器的輸出值，此時應該輸出 "0"；然後再把一張白色的紙板放在 TCRT5000 下方，觀察 IDE 序列埠監視器的輸出值，此時應該輸出 "1"，IDE 序列埠監視器的輸出值如圖 4 所示。

④ 以相同的方式對另外兩個 TCRT5000 進行測試，確保它們都能正常使用。掃描二維碼，查看實驗效果。

掃一掃

實驗效果

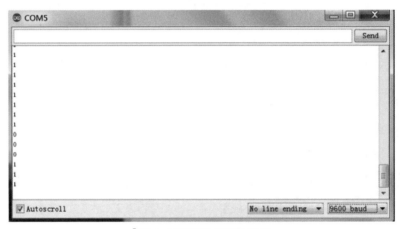

圖 4　序列埠監視器輸出值

8.3 詳細設計

通過實驗知道如何用程式碼運用小車的主要零組件後，需要對循跡小車的初步設計做進一步細化，確定組成循跡小車的各個零組件之間的連接。

經過詳細設計，循跡小車的電路圖如圖 6 所示。首先，將已經測試並做過標記的馬達與 L298N 驅動板的 MOTORA 和 MOTORB 腳位相連，再將 L298N 驅動板與 UNO 主機板連接。其中 L298N 驅動板的 ENA 腳位、ENB 腳位分別與 UNO 主機板的 3 號腳位和 9 號腳位相連，IN1、IN2、IN3、IN4 分別與 UNO 主機板的 4、5、6、7 號腳位相連。

接著，將 TCRT5000 紅外線循跡模組與 UNO 主機板連接。將三個 TCRT5000 紅外線循跡模組的 VCC 腳位和 GND 腳位連接在麵包板上，通過麵包板分別與 UNO 主機板的 VCC 引腳和 GND 腳位相連。之後，將三個 TCRT5000 紅外線循跡模組的 DO 腳位從右至左接到 UNO 主機板的 10、11、12 號腳位上。

最後，要為整個電路進行供電的連接。供電電源的電壓是 7~9V，接線方式可以參考第六章 "遙控小車" 中的方式。

循跡小車中間的 TCRT5000 紅外線循跡模組對準黑線，開始行駛；當它行駛到黑線彎曲的地方時，小車車頭會偏離黑線，如果兩側紅外線循跡模組中的一個對準黑線，那麼程式就會對小車行駛的角度進行調整。在三個 TCRT5000 紅外線循跡模組的相互協作下，循跡小車可以沿著黑線一直行駛。但是，如果兩側的紅外線循跡模組沒有及時對準黑線，小車便會停止不動。詳見下一節循跡小車運動情況表。

掃描二維碼，查看電路的連接過程。

掃一掃

電路連接過程

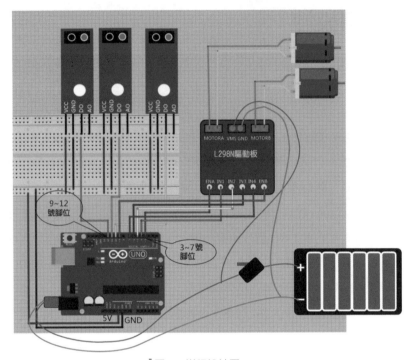

▌圖 1　詳細設計圖

8.4　原型開發

在原型搭建中，先根據詳細設計的電路圖連接零組件，然後整合循跡小車的程式碼，將程式碼燒錄到 Arduino 主機板中並進行測試。

1. 電路連接

以 UNO 主機板為中心，根據詳細設計的電路圖連接循跡小車的所有零組件。在連接時，與 UNO 相連接的電源先不要插在 UNO 的電源插孔中，只有在最後對程式碼進行測試時才需要將電源插孔插入 UNO 主機板。

2. 程式碼整合

```
// 馬達 A
int dir1PinA = 4;                //Arduino 的 4 和 5 號管腳分別連接 IN1 和 IN2
int dir2PinA = 5;
int speedPinA = 3;               //Arduino 的 3 號 PWM 輸出管腳連接 ENA

// 馬達 B
int dir1PinB = 6;                //Arduino 的 6 和 7 號管腳分別連接 IN3 和 IN4
int dir2PinB = 7;
int speedPinB = 9;               //Arduino 的 9 號 PWM 輸出管腳連接 ENB

int speed;                       // 定義速度變數 PWM 輸出範圍為 0 ～ 255

int irPinL=12,irPinM=11,irPinR=10;

// 初始化部分
void setup() {
    Serial.begin(9600);
    pinMode(irPinL,INPUT);
    pinMode(irPinM,INPUT);
    pinMode(irPinR,INPUT);
    pinMode(dir1PinA, OUTPUT);
    pinMode(dir2PinA, OUTPUT);
    pinMode(speedPinA, OUTPUT);
    pinMode(dir1PinB, OUTPUT);
    pinMode(dir2PinB, OUTPUT);
    pinMode(speedPinB, OUTPUT);
    speed = 0;// 初始化速度為 0
    delay(500);
}
// 主函式部分
void loop() {
    //put your main code here, to run repeatedly:
```

```
   speed=150;
   // 讀取 irPinL irPinM irPinR 腳位的電位值並進行 if 判斷 根據判斷結果選擇運用
allstop() forward() 或者是 turn() 函式
   if(digitalRead(irPinL)==0&&digitalRead(irPinM)==0&&digitalRead(irPinR)==0)
   {
       Serial.println("stop");              // 序列埠輸出 "stop"
       allstop();                           // 運用 allstop()
   }
   if(digitalRead(irPinL)==0&&digitalRead(irPinM)==1&&digitalRead(irPinR)==0)
   {
       Serial.println("forward");           // 序列埠輸出
       "forward" forward();                 // 運用 forward()
   }else
   if(digitalRead(irPinL)==1&&digitalRead(irPinM)==1&&digitalRead(irPinR)==0)
   {
       Serial.println("turn left");         // 序列埠輸出
       "turn left" turn("left");            // 運用 turn()
   }else
   if(digitalRead(irPinL)==0&&digitalRead(irPinM)==1&&digitalRead(irPinR)==1)
   {
       Serial.println("turn right");        // 序列埠輸出
       "turn right " turn("right");         // 運用 turn()
   }else
   if(digitalRead(irPinL)==0&&digitalRead(irPinM)==0&&digitalRead(irPinR)==1)
   {
       Serial.println("hard turn right");   // 序列埠輸出
       " hard turn right 右急轉彎 "
       turn("hard right");                  // 運用 turn()
   }
   else
   if(digitalRead(irPinL)==1&&digitalRead(irPinM)==0&&digitalRead(irPinR)==0)
   {
       Serial.println("hard turn left");// 序列埠輸出 " hard turn left 左急轉彎 "
       turn("hard left");                   // 運用 turn()
```

```
    }
}
// 自訂函式 turn()
void turn(String direction)
{
    //turn left
    if(direction.equals("left"))
    {
        analogWrite(speedPinA,0);              // 寫入馬達 A 的速度為 0
        analogWrite(speedPinB,speed/3);        // 寫入馬達 B 的速度為 speed/3
    }
    //turn right
    if(direction.equals("right"))
    {
        analogWrite(speedPinA,speed/3);        // 寫入馬達 A 的速度為 speed/3
        analogWrite(speedPinB,0);              // 寫入馬達 B 的速度為 0
    }
    //hard turn left
    if(direction.equals("hard left"))
    {
        analogWrite(speedPinA,0);              // 寫入馬達 A 的速度為 0
        analogWrite(speedPinB,speed);          // 寫入馬達 B 的速度為 speed
    }
    //hard turn right
    if(direction.equals("hard right"))
    {
        analogWrite(speedPinA,speed);          // 寫入馬達 A 的速度為 speed
        analogWrite(speedPinB,0);              // 寫入馬達 B 的速度為 0
    }
}
// 自訂函式 allstop()
void allstop(){
    analogWrite(speedPinA,0);                  // 寫入馬達 A 的速度為 0
    analogWrite(speedPinB,0);                  // 寫入馬達 B 的速度為 0
```

```
}
// 自訂函式 forward()
void forward()
{
    digitalWrite(dir1PinA, HIGH);
    digitalWrite(dir2PinA, LOW);
    digitalWrite(dir1PinB, HIGH);
    digitalWrite(dir2PinB, LOW);
    analogWrite(speedPinA,speed);              // 寫入馬達 A 的速度為 speed
    analogWrite(speedPinB,speed);              // 寫入馬達 B 的速度為 speed
}
```

　　程式碼中的某些內容在第六章 "遙控小車" 中已有涉及，這裡著重瞭解小車是如何通過程式碼實現循跡功能的（沿著黑色線行駛）。首先，UNO 主機板讀取 irPinL、irPinM、irPinR 腳位的電位值並進行 if 判斷，根據判斷結果選擇運用 allstop()、forward() 或 turn() 函式。然後在這些自訂函式中，根據函式功能的不同，分別通過 analogWrite() 給驅動板寫入驅動馬達轉動的不同速度。這樣就可以實現小車的直行、左轉彎、左急轉彎、右轉彎、右急轉彎、停止等動作。

---

 direction.equals（"left"）是將字串參數 direction 的值與 "left" 進行對比，判斷二者是否相等。在這裡不能使用 "==" 進行比較，因為它是比較兩個字串變數的位址。

　　假設讀取到的三個電位值都為 0，表示小車的 3 個 TCRT5000 紅外線循跡模組 "看到" 的都是白色區域，說明小車已經駛出黑色軌跡。這時就運用 allstop() 函式，在 allstop() 函式中通過 analogWrite() 使得馬達 A、B 的速度為 0，小車處於停止狀態。同理，前進、左轉彎、右轉彎、左急轉彎和右急轉彎也是通過這樣的過程得以實現。

表 1 列出了循跡小車行駛過程中遇到的幾種情況（L、M、R 是那 3 個 TCRT5000 紅外線循跡模組）：

▌表 1　循跡小車運動情況

	前進：M 看到黑色，L、R 看到白色
	左轉彎：M、L 看到黑色，R 看到白色
	右轉彎：M、R 看到黑色，L 看到白色
	左急轉彎：L 看到黑色，M、R 看到白色
	右急轉彎：R 看到黑色，L、M 看到白色
	停止：L、M、R 都看到白色

3. 測試

（1）將 UNO 主機板與電腦連接，將程式碼燒到主機板裡。

（2）根據詳細設計部分的電路圖連接電路。

（3）將一張粘了一條黑色膠帶的白紙靠近 3 個 TCRT5000，在小範圍內左右平移白紙，使 3 個 TCRT5000 的 "眼睛" 看到不同的顏色，此時可以觀察到兩個馬達開始旋轉，並且隨著白紙的移動，旋轉的速度會發生相應的改變。

掃描二維碼，查看實驗效果。

實驗效果

8.5 循跡小車的整合

1. 車架的選擇

在原型搭建的部分搭建了小車的原型,實現了小車的基本功能。這裡需要為原型選擇一個承載平臺,將搭建好的原型固定在所選擇的承載平臺上,製成一輛完整的循跡小車。建議選擇三輪的小車底盤,便於轉向,如圖 1 所示,兩個比較大的車輪用於行駛,小車輪用於支撐車架。小車輪會隨著大車輪的轉動而轉動,亦可稱之為"萬向輪"。

▌圖 1　小車車板

2. 零組件佈局

車的零組件佈局如圖 2 所示。電池盒、UNO 主板和驅動板都按如圖位置固定在小車底盤上面,將三個 TCRT5000 的腳位插進一塊小麵包板中,利用泡沫膠將小麵包版粘在車頭,並固定住。

 ◆ 3 個 TCRT5000 的"眼睛"是面向地面的,並且"眼睛"距地面的高度要保持在 10~25mm。

◆ 如果有金屬螺絲裸露在車體表面,固定零組件時,可以在車體表面粘貼一塊紙板,然後將零組件固定在這塊紙板上,避免金屬螺絲使零組件短路。

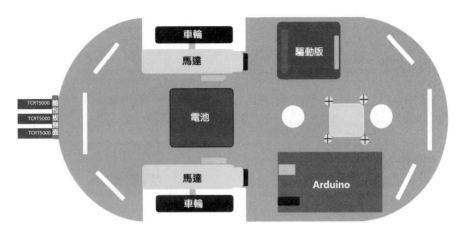

圖 2　零組件佈局圖

3. 整合

選擇好原型的承載平臺，規劃好有關零組件在承載平臺的佈局，下一步是將零組件固定到承載平臺上。

（1）利用螺絲釘將兩個馬達固定在底盤上，注意馬達接線的方向，切勿將接線端方向固定反了。

（2）將小車的輪胎固定在馬達上。

（3）在小車的車板表面有一些突起的螺絲釘，因此需要在車板上表面貼上一層紙，使 L298N 驅動板和 UNO 主機板上的焊接點與這些螺絲釘隔絕，以防對驅動板和主機板造成損害。然後，將 L298N 驅動板、UNO 主機板和電池盒固定在底盤上，固定的時候最好使用海綿膠。

（4）將紅外線循跡模組 TCRT5000 固定在車頭。固定位置可以參照參考圖 2。

（5）最後根據電路連線圖連接做過標記的馬達、L298N 驅動板和 UNO 主機板。

圖 3　循跡小車側視圖

圖 4　循跡小車俯視圖

4. 測試

　　循跡小車製作完成後，用黑膠帶在地面上貼出一個橢圓形的軌道，對小車進行試運行，觀察循跡小車如何沿著黑線行駛。（注：黑膠帶的寬度以 2 釐米為好。）

　　循跡小車的行駛效果如何？掃描二維碼查看。

實驗效果

本章小結

　　循跡小車是一種自動控制專案。自動控制專案就是只要啟動開關，裝置就根據預設的情況執行。這種完全自主運行的系統也稱為機器人。Arduino 的計算能力比較弱，視頻、音訊或稍複雜的演算法處理會力不從心。因此很多情況下，需要 Arduino 和電腦結合，由電腦負責主要運算，由 Arduino 負責控制馬達、伺服馬達等執行器。

本章程式碼

擴展案例

　　本章中將 TCRT5000 紅外線循跡模組裝在小車的車板下，探測有沒有黑線，實現循跡的功能。但是，在測試時，會常常遇到小車脫離軌道的情況，如何能讓小車行駛得比較穩定呢？這裡提供兩種參考方案：

◆ 讓小車行駛慢一點。
◆ 再增加兩個紅外線循跡模組。

　　如果你製作出好的作品，可以掃描二維碼，上傳到本書的網站，與更多人分享！也可以通過二維碼查看已經上傳的作品。

線上交流

筆記欄

CHAPTER 09

小車巡邏兵

出遠門旅行時，多少會擔心家裡的安全。例如，暴雨後家裡是否進水，或者家裡有沒有不速之客光顧。你可以嘗試製作一輛小車，讓它載著攝像頭自動在家裡"巡邏"，按固定的時間間隔拍攝，並且把拍攝的照片上傳到Web 伺服器。這樣，就能隨時在手機上翻看照片，瞭解家裡的情況了！這種設備，把它稱為"小車巡邏兵"吧！

9.1 初步設計

1. 自動拍照的硬體和軟體

前面製作過遙控小車，小車車體和動力控制方面的製作都已不成問題。自動巡邏的功能在製作時也比較容易，常見的辦法有循跡（如循跡小車那樣在地上貼黑線）、超聲波避障（安裝 3 個超音波距離探測器，不用在地上貼黑線了）等。小車巡邏兵最大的難題是：如何讓攝像頭每隔 10 秒自動拍攝一張照片？

Arduino 的計算速度不足以處理照片、視頻這類信息量大的資料，而且也沒辦法連接USB 攝像頭。拍照問題該如何解決呢？經過上網搜索發現，有兩種硬體支援攝像頭拍照。一種是具有更強計算能力的單晶片微電腦——STM32，另一種是只有卡片大小的微型電腦——樹莓派 (Raspberry Pi)。

▌圖 1　STM32 nucleo

▌圖 2　樹莓派（RPi）

▌圖 3　UNO 主機板

僅有硬體還不能確保開發出自動拍照的功能，必須有能用於開發的軟體才行。樹莓派和 STM32 相比，哪一種更適合小車巡邏兵呢？正如 Arduino 的成功在於在成熟的單晶片微電腦硬體之上提供了簡單易用的程式設計語言一樣，有了 STM32 和樹莓派之後必須有成熟的函式庫和易用的開發環境，開發者才能集中精力開發需要的功能，而不必糾纏基礎的硬體細節。

為了比較 STM32 和樹莓派的軟體發展效率，我們分別進行了嘗試。結果發現，STM32 涉及的基礎硬體細節知識太多，如果要達到實際應用的成熟度，不僅需花費大量的時間和精力去瞭解暫存器和函式程式庫等知識，還需購買額外的硬體測試器。此外，STM32 的真正優勢在於大批量製造時，硬體成本比較低。然而我們只需要造出一台小車巡邏兵，所以程式設計效率才是選擇技術路線的關鍵，因此，本專案選擇採用樹莓派來開發拍照功能。

樹莓派是一款帶 USB、HDMI、乙太網介面的電腦，可以安裝 Linux 作業系統，理論上可以用來接 USB 攝像頭，通過編寫程式實現自動拍照。但實際上還有些麻煩的問題，例如需要熟悉 Linux 命令，要用 Python 語言程式設計並且一定要在樹莓派上（而不是在 PC 上）程式設計。直到微軟發佈 Windows IoT 作業系統和開發工具，這些技術困難得以解決，才有了真正實用的樹莓派程式設計軟體。

IoT 是 Internet of Things(物聯網) 的縮寫，利用它可以在 Windows 系統下進行程式設計。從軟體發展的角度可以理解為：首先在樹莓派上安裝 Win 10 移動版作業系統，然後在 Visual Studio（以下簡稱 VS）開發環境下利用 C# 語言編寫程式，最後載入樹莓派測試和運行。

2. 能否用樹莓派替換 Arduino？

既然樹莓派能控制攝像頭也有數位腳位，它能否代替 Arduino 去控制馬達，這樣只要一塊板就能控制一切？

邏輯上確實可以，但實際上樹莓派沒有 PWM 腳位，這意味著不能直接控制馬達轉速。此外，樹莓派腳位的工作電壓是 3.3V，而多數感測器和執行器的工作電壓都是 5V。再者，樹莓派不帶 ADC 類比腳位，不能讀入可變電阻電壓這類連續變化的值。簡而言之，棄用 Arduino 而全用樹莓派不是一個明智的選擇。

樹莓派是通用電腦（通電啟動後可以載入各種程式），而 Arduino 是微控制器（啟動後只能運行單一程式），兩者各有所長，性質互補。對小車巡邏兵專案而言，Arduino 適合控制馬達，樹莓派適合控制攝像頭，兩者結合使用便能實現最大效果。那麼如何將這兩塊板連接起來呢？

微軟公司必定也意識到了物聯網軟體發展的這類問題，所以在 IoT 中提拱了遠程式控制 Arduino 腳位的辦法——Firmata。

 Firmata 是電腦和單晶片微型電腦之間通信的協定，在後面實驗過程中會看到如何利用 Firmata 將樹莓派和 Arduino 相連，然後用 C# 程式控制 Arduino 腳位所連的 LED 的亮滅。

3. 概要設計

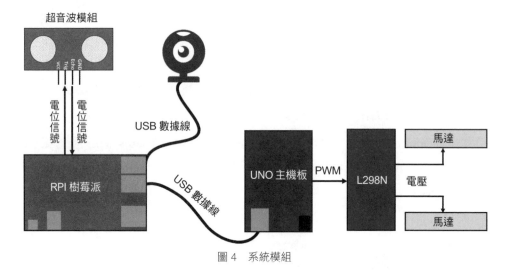

圖 4　系統模組

小車巡邏兵的概要設計圖如圖 4 所示。樹莓派與 UNO 主機板之間利用 USB 資料線進行連接，通過 Firmata 控制 UNO 主機板腳位的電壓，使 UNO 主機板輸出 PWM 信號，驅動 L298N 驅動板，改變馬達兩端的電壓，進而使馬達轉動。

超音波傳模組通過杜邦線與樹莓派相連，樹莓派的腳位給超音波模組高電位信號，觸發超音波模組發送超音波信號，信號碰到障礙物後通過 Echo 腳位將電位值返回樹莓派。

9.2 可行性驗證

1. 樹莓派控制 Arduino 腳位

本實驗是要讓一個 LED 以半秒間隔亮滅，目的是驗證樹莓派能否控制 Arduino 腳位。

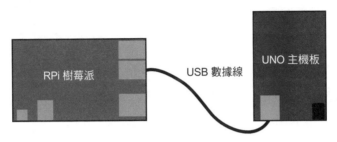

▌圖 1　樹莓派和 Arduino 連接

（1）Arduino 載入 Firmata

將 UNO 板通過 USB 線連到 PC，打開 IDE 中的 Firmata 代碼，Firmata 代碼是 Arduino
中自帶的程式，燒入即可。如圖 2 所示，依次選擇功能表列中的 "檔案" → "範
例" → "Firmata" → "StandardFirmata" 即可打開該程式。

▌圖 2　DE 打開 Firmata

（2）在樹莓派上安裝 Windows 10

　　在樹莓派上安裝 Windows10 需要一張 MicroSD 儲存卡、一個讀卡器、一塊樹莓派 RaspberryPi2B+ 或者 3 型、一台 PC、一台顯示器。可以從下面的網址下載並安裝 Windows10 到樹莓派，安裝方式詳見參考網址。也可以掃描二維碼，查看具體的安裝步驟。

掃一掃

在樹莓派上安裝 Win10

http://ms-iot.github.io/content/en-US/GetStarted.htm

（3）連接零組件

　　掃描二維碼，查看電路的連接過程。

電腦顯示幕

電腦顯示器接線

RPi 樹莓派

UNO 數據線

UNO 主機板

5　GND

路由器

轉換器

電源適配器

網路線

掃一掃

電路連接過程

▌圖 3　可行性驗證實驗的電路連接

　　實驗的電路接線圖如圖 3 所示。特別需要注意。樹莓派上有一個網絡介面，利用網線將樹莓派與路由器相連，將其接入網路。接入網路的具體方式，掃描二維碼進行查看。

掃一掃

樹莓派接入網路的方式

電腦的顯示器通過轉換器接在樹莓派接顯示器的插孔上。若電腦帶有 HDMI 介面，就不需要轉換器了，可直接接到樹莓派接顯示器的插孔上。為樹莓派接上電源，需要注意樹莓派使用的電源適配器的電壓是 5V，電流是 2.1A-2.4A，要嚴格根據電壓電流要求選擇合適的電源變壓器。

電路工作時，通過樹莓派控制 UNO 主機板 5 號腳位的電壓值，控制 LED 燈的點亮和熄滅。

（4）在電腦上安裝 Windows IoT 開發環境

讓電腦和樹莓派的網路處於同一區域網路內，在電腦上安裝 Windows IoT 開發環境。安裝的基本步驟是先安裝 Visual Studio，然後裝 IoT 的擴展包，最後改動相關設置，將 Win10 配置成開發模式。微軟網站提供了詳細的安裝步驟說明。具體安裝步驟參考以下網址。也可以掃描二維碼，查看安裝步驟。

安裝 Windows IoT

http://ms-iot.github.io/content/en-US/win10/WRA.html

（5）創建 IoT 專案

用 Visual Studio 從零開始創建 IoT 專案的操作過程，掃描二維碼，查看具體操作。

創建 IoT 專案

以下為關鍵程式碼。

```
publicsealedpartialclassMainPage : Page
{
    IStream connection;
    RemoteDevice arduino;
    // 建立 Arduino 與樹莓派之間的連接 創建 arduino 物件
    public MainPage()
```

```
{
    this.InitializeComponent();
    connection = newUsbSerial("VID_2341", "PID_0043");
    arduino = newRemoteDevice(connection);
    connection.ConnectionEstablished += OnConnectionEstablished;
    connection.begin(57600, SerialConfig.SERIAL_8N1);
}
//Arduino 與樹莓派之間的連接建立後，讓 LED 每隔 0.5 秒點亮一次
privatevoidOnConnectionEstablished()// 連接建立後
{
    for(;true;)
    {
        Task.Delay(TimeSpan.FromMilliseconds(500)).Wait();// 延時 0.5 秒
        if(arduino.digitalRead(5)==PinState.HIGH)// 如果 Arduino 的 5 號引腳狀態為 HIGH
        {
            arduino.digitalWrite(5,PinState.LOW);// 將 Arduino 的 5 號引腳狀態設置為 LOW
        }
        Else// 否則
        {
            arduino.digitalWrite(5,PinState.HIGH);// 將 Arduino 的 5 號引腳狀態設置為 HIGH
        }
    }
}
```

　　程式首先建立 Arduino 和樹莓派之間的連接，並創建 arduino 物件。連接建立之後，執行 for() 迴圈，在 for() 迴圈中首先延時 0.5 秒，然後讀取 Arduino5 號腳位的狀態，若狀態為 HIGH，則將其設置為 LOW，反之則設置為 HIGH。

（6）測試

點擊 VS 的 "RemoteMachine" 圖示，通過網路，程式碼將被自動編譯為執行檔並上傳到樹莓派。稍過片刻，即可看到 LED 燈開始閃爍。

▌圖 4　運行圖示

程式運行的效果如圖 5 所示。掃描二維碼，查看實驗效果。

掃一掃

實驗效果

▌圖 5　LED 閃爍

2. 超音波測距

在本實驗中，我們將利用超音波感測器和樹莓派來實現小車巡邏兵在家裡行駛避開障礙物的設想。其中，需要通過樹莓派來獲得障礙物與超音波模組之間的距離值。

（1）連接零組件

由於超音波感測器 Echo 腳位電壓為 5V，樹莓派的數位腳位電壓為 3.3V，後者承受不了 5V 電壓，必須在 Echo 腳位和樹莓派腳位之間連接一個分壓電阻，以免樹莓派因電壓過高而燒毀。怎樣設計分壓電路，使樹莓派腳位接收到 3.3V 的電壓呢？

如圖 6 所示，假如在 5V 和 GND 之間有一個可變電阻，那麼當滑動接觸點越接近上端，電阻越大，電壓越高。要使 5V 到滑點之間的電阻值為 1KΩ（因為 1KΩ 電阻容易找得到），滑點到 GND 之間的電阻要多大，才能使滑動點的電壓為 3.3V？

設未知電阻值為 x，則方程為：

$$\frac{x}{1+x} = \frac{3.3}{5}$$
$$x = 1.94K\Omega$$

所以選擇接近 2KΩ 的電阻即可。

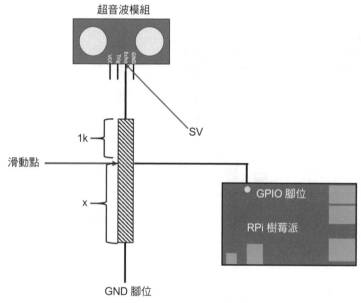

圖 6　5V-GND 電壓滑動點

安全注意：大電流零組件不能這麼分壓，會擊穿電阻或產生高熱量。

掃描二維碼，查看電路的連接線過程。

實驗的電路圖如圖 7 所示，為簡化電路，沒有再畫出樹莓派與顯示器、電源和路由器的連接，這部分可以參考圖 3 進行連接。這裡重點關注超音波模組與樹莓派腳位的連接。

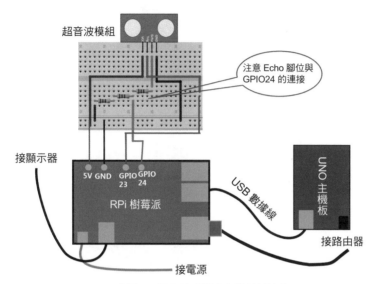

▌圖 7　超音波感測器和樹莓派連接

樹莓派上一共有 40 個腳位，本章用到的是 5V 腳位、GND 引腳、GPIO23 腳位和 GPIO24 腳位。需要注意超音波模組的 Echo 腳位與樹莓派上的 GPIO24 腳位之間的連接。由於樹莓派上的腳位較多，連接電路時嚴格參照電路圖。

（2）程式碼

電路工作時，樹莓派通過 GPIO23 腳位發送信號，驅動超音波模組發送超音波信號，超音波信號碰到障礙物後返回；然後，通過 Echo 腳位給樹莓派的 GPIO24 腳位電位值；最後，樹莓派計算並輸出障礙物與超音波模組之間的距離值。

```
publicsealedpartialclassMainPage : Page
{
    IStream connection;
    RemoteDevice arduino;


    UltraSonicSensor frontEye;
```

```
DispatcherTimer timer;

// 建立 Arduino 與樹莓派之間的連接 創建 arduino 實例
public MainPage()
{
    this.InitializeComponent();
    connection = newUsbSerial("VID_2341", "PID_0043");
    arduino = newRemoteDevice(connection);
    connection.ConnectionEstablished += OnConnectionEstablished;
    connection.begin(57600, SerialConfig.SERIAL_8N1);
}
//Arduino 與樹莓派之間的連接建立後 執行 Run() 函式
privatevoid OnConnectionEstablished()
{
    this.Run();
}
// 自訂函式 Run()
publicvoid Run()
{
    frontEye = newUltraSonicSensor(23, 24);// 啟動樹莓派上的 23 和 24 號腳位
    timer = newDispatcherTimer();              // 建立時間的物件
    timer.Interval = TimeSpan.FromMilliseconds(1000);// 設置 1 秒為間隔
    timer.Tick += Loop;// 把 Loop() 函式關聯到 Timer.Tick 事件上
    this.Setup();
    timer.Start();// 啟動計時器 每隔 1 秒觸發一次 Tick 事件
}


privatevoid Setup()
{

}


privatevoid Loop(object sender,object e)
{
```

```
        double distance = frontEye.MeasureDistance();// 獲得超音波模組測量的距離值
        Debug.WriteLine("Distance:{0}",distance );// 在測試視窗輸出超音波模組測量得出的距離值
    }
}
```

程式首先建立 Arduino 和樹莓派之間的連接，並創建 arduino 物件。在 Arduino 與樹莓派之間的連接建立後執行函式 Run()。

在 Run() 函式中，先啟動樹莓派上的 23 和 24 號腳位，並創建時間的物件，然後每隔 1 秒執行一次 Loop() 函式，輸出超音波模組測量的距離值。

（3）測試

點擊 VS 的 "RemoteMachine" 圖示，通過網路，程式碼將被自動編譯為執行檔並上傳到樹莓派。稍等片刻，將手放在超音波模組的正前方，在 VS 輸出視窗可以看到有距離值輸出。

你能否對這一結果的電路圖和程式碼進行修改，實現當障礙物離小車的距離小於 20CM 時 LED 亮起的功能呢？請嘗試一下吧！具體的實現方式，掃描二維碼查看。

▌圖 8　Output 窗口測試結果

掃一掃

實現方式

3. 攝像頭拍照

本實驗主要是將 USB 攝像頭與樹莓派連接，然後通過程式實現每 10 秒拍攝一張照片，同時存到 SD 卡上。

（1）零組件連接

掃描二維碼，查看電路的連接過程。

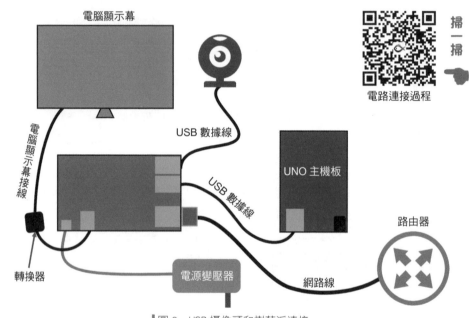

圖 9　USB 攝像頭和樹莓派連接

樹莓派與攝像頭的連接較簡單，如圖 9 所示，利用 USB 資料線連接攝像頭和樹莓派即可。這裡對攝像頭的規格沒有要求，只要插到 PC 上能自動識別的攝像頭都可以使用。

（2）程式碼編寫

```
publicsealedpartialclassMainPage : Page
{
    IStream connection; RemoteDevice arduino;
    //For taking photos. MediaCapture mediaCapture;
    // 建立 Arduino 與樹莓派之間的連接
    public MainPage()
    {
        this.InitializeComponent();
        connection = newUsbSerial("VID_2341", "PID_0043");
        arduino = newRemoteDevice(connection);
        connection.ConnectionEstablished += OnConnectionEstablished;
        connection.begin(57600, SerialConfig.SERIAL_8N1);
    }
    //Arduino 與樹莓派之間的連接建立後 執行拍照功能
    privatevoid OnConnectionEstablished()
    {
        InitializeCaptureManager();
        CapturePhoto();// 運用攝像頭拍照
    }
    // 自訂函式 InitializeCaptureManager()
    privateasyncvoid InitializeCaptureManager()
    {
        mediaCapture = newMediaCapture();    // 創建 mediaCapture 實例
        await mediaCapture.InitializeAsync();// 等待 mediaCapture 實例初始化完畢
    }
    // 自訂函式 CapturePhoto()
    privateasyncvoid CapturePhoto()
    {
        for (; true;)
        {
```

```
ImageEncodingPropertiesimgformat=ImageEncodingProperties.CreateJpeg();
// 設置圖片保存的格式
StorageFile file = awaitKnownFolders.PicturesLibrary.
CreateFileAsync("TestPhoto.jpg", CreationCollisionOption.
GenerateUniqueName);                     // 設置圖片保存的路徑
await mediaCapture.CapturePhotoToStorageFileAsync(imgformat, file);
awaitTask.Delay(10000);                   // 等待 10 秒
        }
    }
}
```

程式首先建立 Arduino 和樹莓派之間的連接。在 Arduino 與樹莓派之間的連接建立後執行函式 InitializeCaptureManager() 和 CapturePhoto()，讓攝像頭每隔 10 秒拍攝一次。

（3）測試

點擊 VS 的 "RemoteMachine" 圖示，運行程式碼。觀察攝像頭正面的指示是否閃爍，然後停止程式，在與樹莓派處於同一網路下的電腦上打開 Windows 檔案總管，在其中輸入樹莓派的 IP 位址（樹莓派的 IP 位址可以在與樹莓派相連的顯示器上查找），如圖 10 紅框的位置所示。

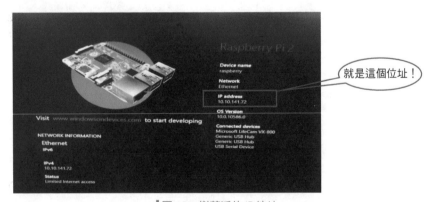

▌圖 10　樹莓派的 IP 地址

打開樹莓派的 C 盤，依次打開 "Data" → "Users" → "DefaultAccount" → "Picture" ，可以找到剛剛攝像頭拍攝的照片。

掃描二維碼，查看實驗效果。

▌圖 11　照片檔

<table>
<tr><td></td><td>掃一掃</td><td></td><td>掃一掃</td></tr>
<tr><td>實驗效果</td><td></td><td>本節程式碼</td><td></td></tr>
</table>

9.3 詳細設計

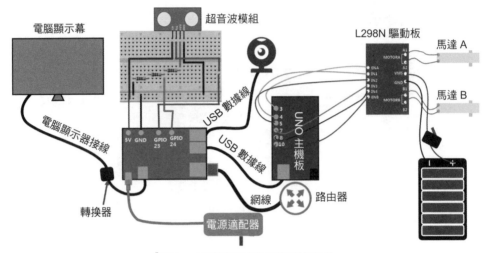

電腦顯示幕　超音波模組　L298N 驅動板　馬達 A　馬達 B　USB 數據線　UNO 主機板　電腦顯示器接線　USB 數據線　轉換器　網線　路由器　電源適配器

▌圖 1　小車巡邏兵控制系統詳細設計

　　小車巡邏兵的詳細設計圖如圖 1 所示。零組件之間的連接比較簡單，難點在於如何解決系統的供電問題。可以選擇 6 節 5 號電池為整個系統供電，電池的一路輸出到 L298N 驅動板，另一路經 DC-DC 模組變成 5V 後給樹莓派供電，而 Arduino 主機板則可以通過 USB 線從樹莓派取電。掃描二維碼，查看電路的連接過程。

掃一掃

電路連接過程

　　工作時，樹莓派一邊通過 UNO 主機板控制 L298N 驅動板，調節馬達的轉速，使小車正常行駛；一邊通過 USB 資料線控制攝像頭，讓攝像頭每隔 10 秒拍攝一張照片。

9.4 原型開發

1. 有限狀態機（FSM—FiniteStateMachine）

雖然使用 if-else 程式也可以實現避障功能，但這樣一來程式中會需要很多嵌入的 if-else 程式去判斷障礙物的情況和執行邏輯。為了簡化程式設計，避免眾多分支程式造成邏輯混亂，可以採用有限狀態機的方法來存放小車的避障規則。

掃描二維碼查看有限狀態機的設計。

 為了讓小車有較好的探路能力，至少要安裝 3 個超音波感測器。

狀態機設計

先用圖來描述超音波感測器的避障規則——圓圈表示狀態，箭頭表示事件。

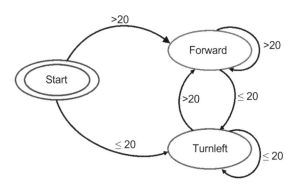

▍圖 1　小車的有限狀態圖

預設情況下小車處於 "Start "狀態，當距離大於 20，轉跳到 "Forward" 狀態；當小於等於 20，從當前的 "Forward" 狀態轉跳到 "Turnleft" 狀態；當大於 20，從 "Turnleft" 狀態轉跳到 "Forward" 狀態。所有這些轉跳狀態都可以用表格形式存放，如表 1，然後通過一個 "機器" 來讀取。例如，告訴機器當前狀態是 Forward，並且事件是 LessThan20，則機器得到的下一個狀態將是 TurnLeft。

下面程式中所有的轉跳狀態都以表格資料形式存放，避免了一大堆分支嵌入程式。

▌表 1　有限狀態表

當前狀態	事件	下一個狀態
Start	>20	Forward
Start	≤ 20	Turnleft
Turnleft	>20	Forward
Turnleft	≤ 20	Turnleft
Forward	>20	Forward
Forward	≤ 20	Turnleft

```
public FSM()
    {
        currentState = RoverState.Forward;
        transitionTable = new Dictionary<StateTransition, RoverState>()
        {
            { new
StateTransition(RoverState.Forward,DistanceEvent.GreaterThan20),RoverState.Forward},
            { new
StateTransition(RoverState.Forward,DistanceEvent.LessandEqualto20),RoverState.TurnLeft}
,
            { new
StateTransition(RoverState.TurnLeft,DistanceEvent.GreaterThan20),RoverState.Forward},
            { new
StateTransition(RoverState.TurnLeft,DistanceEvent.LessandEqualto20),RoverState.TurnLeft
},
            { new
StateTransition(RoverState.Start,DistanceEvent.GreaterThan20),RoverState.Forward},
            { new
StateTransition(RoverState.Start,DistanceEvent.LessandEqualto20),RoverState.TurnLeft}
        };
    }
```

對應表 1 中的 "\>20"

對應表 1 中的 "≤ 20"

▌圖 2　有限狀態機中的事件在程式碼中的對應程式

2. 主程序

```
publicsealedpartialclassMainPage : Page
{
    IStream connection;
    RemoteDevice arduino;

    UltraSonicSensor frontEye;
    DispatcherTimer timer;
```

```
MediaCapture mediaCapture;

FSM fsm;
RoverState currentState, nextState;

// 建立 Arduino 與樹莓派之間的連接
public MainPage()
{
    this.InitializeComponent();

    fsm = newFSM();


    connection = newUsbSerial("VID_2341", "PID_0043");
    arduino = newRemoteDevice(connection);
    connection.ConnectionEstablished += OnConnectionEstablished;
    connection.begin(57600, SerialConfig.SERIAL_8N1);
}
//Arduino 與樹莓派之間連接建立之後 執行拍照和超音波測距的功能
privatevoid OnConnectionEstablished()
{

    InitializeCaptureManager();
    CapturePhoto();
    this.Run();// 執行自訂函式 Run()
}
// 自訂函式 Run()
publicvoid Run()
{
    frontEye = newUltraSonicSensor(23, 24);
    timer = newDispatcherTimer();
    timer.Interval = TimeSpan.FromMilliseconds(50);
    timer.Tick += Loop;
    this.Setup();
```

```
        timer.Start();

    }
    privatevoid Setup()
    {

    }
    privatevoid Loop(object sender,object e)
    {
        double distance = frontEye.MeasureDistance();// 獲得超音波模組的測量值
        Debug.WriteLine("Distance:{0}",distance );// 在測試窗口輸出測量值
        if (distance > 20)// 如果 distance 大於 20cm
        {
            nextState = fsm.GetNext(DistanceEvent.GreaterThan20);
            // 獲取小車的下一個狀態
        }
        else
        {
            nextState = fsm.GetNext(DistanceEvent.LessandEqualto20);
        }
        if (currentState != nextState)// 如果小車當前的狀態與下一個狀態不相等
        {
            if (nextState == RoverState.Forward)// 當下一個狀態是前進
            {
                arduino.digitalWrite(4, PinState.HIGH);
                arduino.digitalWrite(5, PinState.LOW);

                arduino.digitalWrite(7, PinState.HIGH);
                arduino.digitalWrite(8, PinState.LOW);

                arduino.analogWrite(10, 150);
                arduino.analogWrite(3, 150);
            }
            elseif (nextState == RoverState.TurnLeft)// 當下一個狀態是左轉
            {
```

```
                    arduino.digitalWrite(4, PinState.LOW);
                    arduino.digitalWrite(5, PinState.LOW);
                    arduino.digitalWrite(7, PinState.LOW);
                    arduino.digitalWrite(8, PinState.LOW);
                    Task.Delay(200);

                    arduino.digitalWrite(4, PinState.HIGH);
                    arduino.digitalWrite(5, PinState.LOW);
                    arduino.digitalWrite(7, PinState.LOW);
                    arduino.digitalWrite(8, PinState.HIGH);
                    arduino.analogWrite(3, 150);
                    arduino.analogWrite(11, 150);
                }
            currentState = nextState;// 更新小車當前的狀態
        }
        Debug.WriteLine(currentState);

    }
    // 自訂函式 InitializeCaptureManager()
    privateasyncvoid InitializeCaptureManager()// 用於創建 mediaCapture 實例
    {
        mediaCapture = newMediaCapture();
        await mediaCapture.InitializeAsync();
    }
    // 自訂函式 CapturePhoto()
    privateasyncvoid CapturePhoto()// 運用攝像頭拍照
    {
        for (; true;)
        {
            ImageEncodingProperties imgformat = ImageEncodingProperties.CreateJpeg();
            StorageFile file =awaitKnownFolders.PicturesLibrary.
CreateFileAsync("TestPhoto.jpg",
            CreationCollisionOption.GenerateUniqueName);
            await mediaCapture.CapturePhotoToStorageFileAsync(imgformat, file);
```

```
                awaitTask.Delay(10000);
        }
    }
}
```

　　程式首先建立 Arduino 和樹莓派之間的連接。之後執行拍照和超音波測距的功能。在執行 Run() 函式中，運用 Loop() 函式；在 Loop() 函式中，如果 distance 的值大於 20cm，那麼獲取小車的下一個狀態，如果小車的當前狀態與下一個狀態不相等，再利用 if() 函式判斷小車的下一個狀態是什麼。若小車的下一個狀態為 "Forward"，讓小車前進；若是 "Turnleft"，則讓小車左轉。

3. 測試

　　將程式上傳後，用手遮擋超音波感測器。當障礙物距離大於 20cm 時，兩邊馬達均正轉；當距離小於 20cm，則左側馬達倒轉，令小車左轉，直到障礙物距離大於 20cm。掃描二維碼，查看實驗的效果。

　　掃描二維碼下載帶上傳功能的完整程式碼。

測試效果　　　　　　　　　　完整程式碼

本章小結

本章學習了如何製作小車巡邏兵，讓它在行駛過程中完成自動避障和每隔 10 秒拍攝一張照片的功能。在這個專案中我們第一次將樹莓派和 Arduino 結合在一起體驗了一個物聯網專案。由於本章部分內容與第六章 "遙控小車" 類似，原型部分未講解的內容，請參考 "遙控小車" 一章，你也可以參考 "遙控小車" 的實施步驟安裝小車巡邏兵的車體。

擴展案例

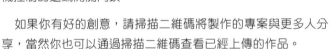

Arduino 在感測器採樣方面佔有優勢，而樹莓派則在資料處理和複雜計算方面佔有優勢。在物聯網發展趨勢迅猛的今天，兩者的結合也是一種自然的優勢互補。經過本章專案的學習，你能否將樹莓派與 Arduino 相結合來製作一個作品呢？例如手機控制的遠端開關門鎖。

如果你有好的創意，請掃描二維碼將製作的專案與更多人分享，當然你也可以通過掃描二維碼查看已經上傳的作品。

掃
一
掃

線上交流

筆記欄

CHAPTER **10**

更多專案

在本書編寫過程中，我們嘗試了很多種想法，有的是關於機械結構的，有的是關於圖像視頻的，有的是關於科學的。本章將介紹其中的四個案例，希望能夠促使讀者通過動手做的體驗產生更多有趣的、有創意的想法。

10.1　Arduino 驅動樂高

樂高積木可以搭建出各種有趣的機械結構，而 Arduino 適合編寫控制程式。能否將 Arduino 和樂高結合呢？例如做一輛 Arduino 控制的樂高避障小車，用樂高搭建避障小車的機械結構，用 Arduino 編寫程式控制避障小車的運行，只要前方有障礙物，小車就能自動避開障礙物行駛。

1. 設計

將樂高與 Arduino 結合製作避障小車有兩個困難點：一是樂高有自己的介面規格，不能直接用跳線和 Arduino 相連；二是樂高的價格昂貴，不宜採用破拆零組件的方法引出接線。經過搜索發現，為了能將樂高馬達、感測器和 Arduino 相連，WayneandLayne 開發了一種稱為 Bricktronics 的擴展板，它能將三者相連。使用時，將擴展板的針腳對準 Arduino 的腳位插緊即可。Bricktronics 擴展板上有 6 個腳位，4 個接感測器，2 個接馬達。

接馬達的腳位　　　　　　　接感測器的腳位

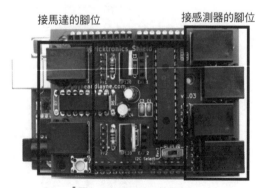

▎圖 1　Bricktronics 擴展板

樂高小車需要兩個馬達控制運動，一個超音波感測器探測距離。由於擴展板已經包含了馬達驅動電路，所以不需要額外的馬達驅動板。

▌圖 2　樂高小車實物圖

2. 程式碼編寫與測試

（1）安裝 Bricktronics 函式庫

Bricktronics 要配合它的函式庫使用，這樣可以大幅簡化主程序的程式碼。掃描二維碼，根據本書網站提示下載函式庫的 ZIP 檔，解壓縮到 ArduinoIDE 的 Library 目錄下，重新運行 IDE。

掃一掃

安裝 Bricktronics 函式庫

（2）程式碼編寫

```cpp
// 定義部分
#include <Wire.h>
#include <Bricktronics.h>


class LegoUltrasonic:Ultrasonic
{
private:
unsigned long _previousMillis;
long _intervalTime;

int _distance;
public:
void SetIntervalTime(long interval)
{
_intervalTime=interval;
}
LegoUltrasonic(Bricktronics* brick,int portNumber):Ultrasonic(brick,portNumber)
{

_intervalTime=50;
//this->begin();
}
int getDistance1()
{
return _distance;
}
void begin1()
{
this->begin();
}
```

```
void Update()
{

if((millis()-_previousMillis)>_intervalTime)
{
    _previousMillis=millis();
    _distance=this->getDistance();
    Serial.println("getDistance"+String(_previousMillis));
    Serial.println(_distance);
  }
  }
};


Bricktronics controllerBrick=Bricktronics();
LegoUltrasonic dstSensor=LegoUltrasonic(&controllerBrick,4);
Motor mLeft = Motor(&controllerBrick, 1);
Motor mRight = Motor(&controllerBrick, 2);
int speed = 100;
// 初始化部分
void setup()
{
 Serial.begin(115200);
 controllerBrick.begin();
 dstSensor.begin1();
 dstSensor.SetIntervalTime(200);
 mLeft.begin();
 mRight.begin();
}
// 主函式部分
void loop()
{
 dstSensor.Update();                     // 更新感測器
 if(dstSensor.getDistance1()>20)         // 如果超音波測量的距離大於 20cm
 {
```

```
// 小車向前行駛
   mLeft.set_speed(speed);
   mRight.set_speed(speed);
}
else
{
// 小車向左轉
   mLeft.set_speed(-speed);
   mRight.set_speed(speed);
 }

delay(100);
}
```

程式中自訂了一個超音波感測器函式 LegoUltrasonic 來呼叫超音波的程式碼，以簡化
loop 程式。

小車向前行駛時，超音波模組負責測量小車前方的障礙物與小車之間的距離。如果距
離大於 20cm，小車繼續向前行駛；反之，小車向左轉。如果有多個樂高超音波感測器，
可修改程式讓車左轉或右轉。

（3）整合與測試

樂高 Mindstorm 套件自帶的說明中有履帶車的製作步驟，可據此搭建小車，但需要稍
作改動，使其能夠承載 Arduino 與電池盒。如果有條件，可用薄木板按照樂高圓柱的規格
打孔，便於緊固控制板。通電後會看到小車以比較緩慢的速度前進（因為樂高採用的是
步進馬達）。若超音波感測器探測到的障礙物距離大於 20cm，兩個馬達正轉；若障礙物
距離小於 20cm，小車左轉（一個馬達正轉，另一個反轉）。掃描二維碼，查看實驗效果。

實驗效果

本節程式碼

10.2 Arduino 與電腦視覺

電腦視覺技術經常應用於人臉識別、運動物體跟蹤、物體外形識別等方面。將計算機視覺技術與 Arduino 結合可以產生很多有趣的應用，例如讓攝像機自動跟蹤被拍攝人物，發現有人時自動錄影，或者警示與前方保持車距等。本節以人臉跟蹤為例，介紹 Arduino 和電腦視覺技術的結合辦法。

1. 設計

基本的設想是用伺服馬達制作一個雲台，然後在雲臺上安裝一個攝像頭。當人臉移動時，雲台自動轉動，使人臉始終處於畫面正中。

▌圖 1　人臉跟蹤實物圖

電腦視覺的演算法可用 OpenCV 實現。CV 是 ComputerVision(電腦視覺) 的縮寫，Open 表示開源。OpenCV 是一個非常成熟的電腦視覺函式庫，提供了很多圖形圖像計算函式。只要在程式中運用相應的方法，就能得到需要的結果。關於 OpenCV 的詳細資訊可訪問 http://opencv.org。

雖然 OpenCV 可以在很多計算環境下使用，但有些技術方案還是過於複雜或者過於消耗 CPU 資源。經過嘗試發現，Processing3.0 和 OpenCV 結合的方式最適合本專案。

系統的整體設計如圖 2 所示，攝像頭將圖像數據傳給計算機，經過 Processing 和 OpenCV 計算後得到人臉的座標。然後根據座標判斷伺服馬達應該朝哪個方向轉動，並讓伺服馬達相應轉動 1°。如此迴圈，直到座標和中心點的偏差基本為 0。

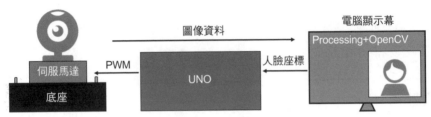

▌圖 2　系統整體設計

2. 程式設計環境安裝

（1）安裝 Processing 開發環境

從 Processing 官網下載 3.0 套裝軟體，解壓到本地硬碟，點擊 processing 的圖示即可運行。

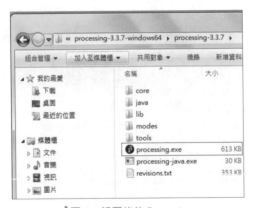

▌圖 3　解壓後的 Processing

背景知識

Processing 是一種電腦語言，它以 Java 語法為基礎，可轉化成 JAVA 程式，但相比於 Java 程式簡易許多。它的程式碼是開放的，應用千變萬化，主要用於藝術、影像、影音的設計與處理。Processing 還可以結合 Arduino、樹莓派硬件製作出很多互動性極強的作品。

（2）安裝擴展函式庫

根據設計，專案用到兩個擴展函式庫，一個是 OpenCV 函式庫（人臉圖像判別），另一個是 Video 庫（攝像頭捕捉）。安裝方法如圖 4 所示，點擊功能表選項中的"速寫本"→"引用文件"→"添加庫文件"。

▌圖 4　安裝 OpenCV 擴展庫

在彈出的對話方塊中輸入"OpenCV"，可以搜索到 OpenCV 函式庫，點擊"Install"按鈕，安裝 OpenCV 函式庫。

▌圖 5　安裝 OpenCV 擴展庫

用同樣的方式，搜索並安裝 Video 函式庫。

3. 實驗驗證

第一個實驗首先嘗試從攝像頭捕捉的畫面中識別人臉；第二個實驗嘗試用 Processing 程式控制伺服馬達轉動。

實驗 1：人臉識別

用 USB 線連接攝像頭與電腦，將下面這段程式輸入 Processing。

```
// 引用函式庫
import gab.opencv.*;
import processing.video.*;
import java.awt.*;
import processing.serial.*;


Capture video;                      // 定義 video 物件 用於視頻捕捉
OpenCV opencv;                      // 定義 video 對象 用於人臉捕捉
Rectangle[] faces;                  // 定義 faces 物件 用於存放人臉矩形的位置

void setup() {
    size(640, 480);
    video = new Capture(this, 640/2, 480/2);
    opencv = new OpenCV(this, 640/2, 480/2);opencv.loadCascade(OpenCV.
CASCADE_FRONTALFACE);

    video.start();                  // 啟動視頻拍攝的功能
}


void draw()
{
    scale(2);
    opencv.loadImage(video);
    image(video, 0, 0 ) ;           // 創建一幅圖片
    faces = opencv.detect();        // 取得圖片中人臉的矩形框
```

```
    noFill();
    stroke(0, 255, 0);                    // 設置筆的顏色
    strokeWeight(3);                      // 設置筆的粗細
    // 在人臉出現的區域畫矩形框
    for (int i = 0; i < faces.length; i++)
    {
        rect(faces[i].x, faces[i].y, faces[i].width, faces[i].height);

    }
}


void captureEvent(Capture c) {
    c.read();
}
```

程式實現的功能是利用攝像頭捕捉視頻,並將視頻中人臉的位置用綠色的矩形框圈出。程式中需要注意的是,如果電腦本身帶有攝像頭,則需要將 video=newCapture (this,640/2,480/2); 代 碼 換 成 video=newCapture(this,640/2,480/2,Capture.list()[1]),點 擊 Processing 軟體左上方的 "運行" 按鈕,執行程式。

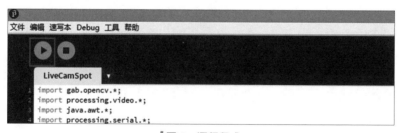

▌圖 6 　運行程式

讓攝像頭對準人臉或者人物照片，觀察電腦螢幕上的 Processing 視窗是否出現綠色框。可以掃描二維碼查看具體效果。

掃一掃

實驗效果

▌圖 7 　人臉識別

實驗 2：控制伺服馬達

確保 Arduino 已經連接上一個伺服馬達後，將 Arduino 通過 USB 線和電腦連接好然後給開發板寫入 Firmata 程式，使 processing 能夠通過 USB 控制開發板的腳位。具體步驟參見第九章相關部分。在 processing 中運行以下程式，讓伺服馬達來回掃動。

```
// 引用函式庫
import java.awt.*;
import processing.serial.*;
import cc.arduino.*;
// 定義部分
Arduino arduino;              // 聲明 arduino 對象 用於讀寫 Arduino 的腳位
int panDegree=90;
// 初始化部分
void setup()
{
    println(Arduino.list()[1]);
    arduino = new Arduino(this, Arduino.list()[1], 57600);// 啟動 Arduino
    arduino.pinMode(9,Arduino.OUTPUT);
    arduino.analogWrite(9,panDegree);// 設置伺服馬達的角度為 90°
```

```
    delay(3000);
}
// 主函式部分
// 如果伺服馬達的角度小於 160° 那麼角度增加 2 否則設置伺服馬達的角度為 90°
void draw()
{
    if(panDegree<=160)
    {
        panDegree+=2;
    }
    Else
    {
        panDegree=90;
    }
    println("panDegree="+panDegree);
    arduino.analogWrite(9,panDegree);
    delay(100);
}
```

processing 程式開始運行後可以看到伺服馬達先是轉動到 90° 的位置，然後慢慢地旋轉，當伺服馬達旋轉到的位置大於或是等於 160° 時，伺服馬達再次回到 90° 的位置。

4. 詳細設計與原型開發

（1）詳細設計

在驗證實驗的基礎上，系統詳細設計的連線如圖 8 所示。掃描二維碼，查看電路的連接過程。

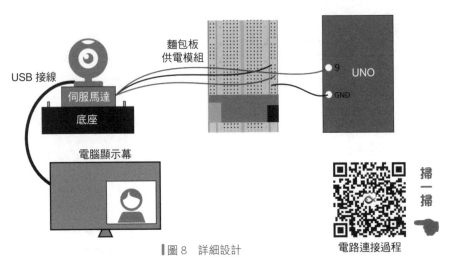

▌圖 8　詳細設計

伺服馬達的電源線接在麵包板上，從麵包板的供電模組取電，再利用跳線將麵包板上供電模組的負極腳位與 UNO 主機板的 GND 腳位相連，使得伺服馬達和 UNO 主機板共地。

只有當伺服馬達沒有負載時，才可以將伺服馬達的電源線接 UNO 主機板的 5V 和 GND 腳位；當伺服馬達有負載時，UNO 主機板的供電量不足以支援伺服馬達，因此需要利用外部電源為伺服馬達供電。伺服馬達的信號線與 UNO 主機板的 9 號腳位相連。攝像頭通過 USB 資料線與電腦相連。

（2）程式碼編寫

```
// 運用函式庫
import gab.opencv.*;
import processing.video.*;
import java.awt.*;
import processing.serial.*;
import cc.arduino.*;

Capture video;              // 定義 video 物件 用於視頻捕捉
OpenCV opencv;              // 定義 opencv 對象 用於人臉捕捉
Rectangle[] faces;          // 定義 faces 物件 用於存放人臉矩形的位置
Arduino arduino;            // 定義 arduino 對象 用於讀寫 Arduino 的腳位
int ledPin = 13;
int panDegree=90;
// 初始化
void setup()
{
    size(640, 480);// 設置 processing 視頻框的大小
    video = new Capture(this, 640/2, 480/2,Capture.list()[1]);
    opencv = new OpenCV(this, 640/2, 480/2);
    // 讓 opencv 識別人臉
    opencv.loadCascade(OpenCV.CASCADE_FRONTALFACE);
    // 開啟視頻捕捉
    video.start();
    // 通過 Firmata 控制伺服馬達旋轉的角度
    println(Arduino.list()[1]);
    arduino = new Arduino(this, Arduino.list()[1], 57600);
    arduino.pinMode(ledPin, Arduino.OUTPUT);
    arduino.pinMode(9,Arduino.OUTPUT);
    arduino.analogWrite(9,panDegree);
    delay(3000);
}
// 主函式部分
```

```
void draw()
{
    scale(2);// 放大兩倍
    opencv.loadImage(video);                    // 讓 opencv 從攝像頭讀取數據

    image(video, 0, 0 );                         // 創建一幅圖片
    faces = opencv.detect();                     // 取得圖片中人臉的矩形框
    noFill();
    stroke(0, 255, 0);                           // 設置畫矩形框筆的顏色
    strokeWeight(3);                             // 設置筆的粗細
    for (int i = 0; i < faces.length; i++)
    {
        // 根據上面的設置 創建 i 個矩形
        rect(faces[i].x, faces[i].y, faces[i].width, faces[i].height);
        // 設置伺服馬達的轉動角度
        if(faces[0].x+faces[0].width/2-320/2>0)
        {
            if(panDegree>=10&&panDegree<=170)
            {
                panDegree-=2;
            }
        }
        else if(faces[0].x+faces[0].width/2-320/2<0)
        {
            if(panDegree>=10&&panDegree<=170){
                panDegree+=2;
            }
        }
        if(panDegree<10){panDegree++;}
        if(panDegree>170){panDegree--;}
        arduino.analogWrite(9,panDegree);
        delay(10); println(panDegree);
    }
}
```

```
void captureEvent(Capture c)
{
    c.read();
}
```

　　程式首先運用了五個函式庫,然後定義物件。在初始化中完成了 processing 視頻框和伺服馬達初始角度的設定。在主函式 draw() 中,首先讓 opencv 從攝像頭讀取資料,然後設置繪製人臉矩形框的筆的顏色和筆跡的粗細。再利用 if() 迴圈檢測鏡頭前人臉的個數,並在每一個人臉的部位畫上矩形框。如果人臉移動,通過 arduino 物件將旋轉角度發給 Arduino 主機板,伺服馬達的角度也隨之發生旋轉。

5. 測試

　　用 USB 線連接攝像頭與電腦,再將 Arduino 板與電腦相連,並將程式碼上傳至 Arduino 板,運行程式。試著在攝像頭前放置一張照片,觀察照片人臉位置是否出現綠色的矩形框;移動照片,看攝像頭是否會隨著照片的移動而轉動。掃描二維碼,查看測試效果。

掃一掃
實驗效果

掃一掃
本節程式碼

▌圖 9　雲台 + 攝像頭

10.3 Arduino 與 PID 回授控制器

要想讓一輛小車能夠勻速地上坡和下坡，讓一輛車只靠兩個輪子站在地上或者讓四軸飛行器自動懸停，這些控制過程中都要用到 PID。四軸飛行器具有四個馬達，四個馬達的轉速總是會存在某種程度上的差異，因此四軸飛行器飛行時可能就會出現一直向某個方向偏轉的情況。利用 PID 回授控制器，可以有效地調節這種情況，讓四軸飛行器平穩飛行。

▌圖 1　四軸飛行器

1. PID 的作用

PID（Proportion，Integration，Derivative）是一種最簡單的回授控制器理論，其中 P 代表 "比例控制"，I 代表 "積分控制"，D 代表 "微分控制"，所以簡稱 PID。PID 能夠讓一個系統（一輛車、一架飛機或一個機器人等）快速地達到某個設定的狀態（如 0.5m/s 的速度，3m 的懸停高度等）。

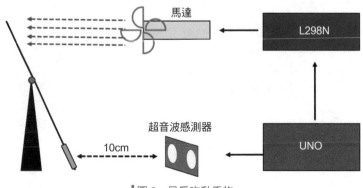

▌圖 2　風扇吹動重物

為理解 PID 的作用，請看下面這個例子。觀察圖 2 所示的一個系統，一塊板架在一個支架上，下端附有一個重物。當電扇的風吹向板的上端，下端則會靠近超音波感測器。要想讓板的下端與超音波感測器的距離穩定在 10cm，控制程式該如何編寫呢？

如果簡單地以 10cm 為閾值決定是否啟動風扇，則並不能令系統達到穩定的狀態，因為一旦到達閾值，馬達就會完全停止，所以只能是讓板不停地來回擺動。顯然，以 10cm 為閾值，風扇吹出的風力（假設風扇功率足夠大）與重物到超音波傳感器的距離成比例，距離越遠，風力越大，距離越近，風力越小。當距離值與 10cm 閾值之間的偏差量足夠小，以至於比例控制不能精准調節時，則需要用到時間積累偏差（Integration）。也就是將第一次迴圈測到的偏差加上第二次迴圈測到的偏差，不斷重複此過程，直至偏差為零。

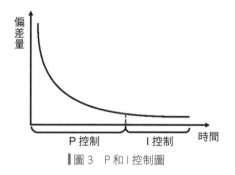
▮圖 3　P 和 I 控制圖

D 用於修正突變或過大變化，即短時間內偏差量發生的較大變化。大多數系統都能接受過大變化。例如小車，過大變化便是轉彎的幅度大些，但很快能扭轉過來。但是，某些需要精確控制的溶液濃度或魚缸溫度就不能接受過大變化情況的出現，此時需要使用到 D（Derivative）。實際應用中，D 用得比較少，多數情況下 P 和 I 就足夠了。

2. 設計

　　本節將以小車為例，介紹 Arduino 專案中最簡單的 PID 程式設計方法。小車的結構借用第六章"遙控小車"的設計，除去了無線模組，但需要在車頭裝上一個超音波模組測距。當前方障礙物到小車的距離值小於 20cm 時，小車自動後退到離障礙物 20cm 的位置。

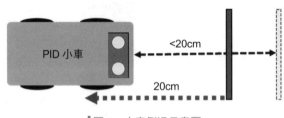

PID 小車　　<20cm

20cm

▌圖 4　小車倒退示意圖

3. 程式碼與測試

(1) 程式碼編寫

```
// 運用 PID_v1.h 函式庫
#include <PID_v1.h>
// 定義部分
double Setpoint, Input, Output;
PID myPID(&Input, &Output, &Setpoint,2,5,1, DIRECT);
class UltrasonicSensor
{
    /* 略 */
};
UltrasonicSensor _frontEye;              // 創建 _frontEye 物件 超音波測量障礙物距離
float Kp = 20;
float Ki = 0.01;
float Kd = 0;
// 初始化部分
void setup()
{
    pinMode(12, OUTPUT);
```

```
    pinMode(13, OUTPUT);
    pinMode(3, OUTPUT);
    pinMode(4, OUTPUT);
    pinMode(5, OUTPUT);
    pinMode(6, OUTPUT);
    pinMode(7, OUTPUT);
    pinMode(8, OUTPUT);
    _frontEye.Begin(12, 13);              // 啟動超音波
    Input = _frontEye.GetDistance();      // 獲得超音波測量的距離 Setpoint = 10;
    myPID.SetControllerDirection(DIRECT);
    // 開啟 PID
    myPID.SetMode(AUTOMATIC);
    digitalWrite(4, LOW);
    digitalWrite(5, HIGH);
    digitalWrite(7, LOW);
    digitalWrite(8, HIGH);
}
// 主函式部分
void loop()
{
    _frontEye.Update();                   // 利用超音波測量距離
    Input = _frontEye.GetDistance();      // 獲得超音波測量的距離
    myPID.Compute();                      // 利用 PID 對小車的狀態進行控制
    analogWrite(3, Output);               // 將 PID 計算之後返回的結果寫到 3 號腳位
    analogWrite(6, Output);               // 將 PID 計算之後返回的結果寫到 6 號腳位
}
```

程式碼中省略了關於超音波的函式的部分，完整的程式可以掃描二維碼查看。

主函式中首先運用 Update() 測量障礙物的距離，並將距離值存入 Input 中，接著利用 Compute() 對小車的狀態進行控制，將得到的 Output 的值寫入 3 號和 6 號腳位。

完整程式碼

（2）測試

將程式碼上傳到 UNO 主機板，接通小車的電源，將手放在距超音波感測器不到 20cm 的位置，查看小車是否會自動後退。掃描二維碼查看測試效果。

實驗效果

4. PID 調參數

P、I、D 三個參數的值應該設置為多少？由於車輪直徑、馬達扭矩、電池性能均直接影響車的動態特性，所以相同的程式碼放到不同的車上都必須重新設定 P、I、D 的參數值。

最簡單的辦法就是在 Arduino IDE 中直接修改 Kp、Ki、Kd 的值，然後將程式碼上傳至 UNO 主機板，進行測試，直到肉眼看上去系統的表現比較穩定為止，但這樣做極為耗時。因此，有人嘗試在小車上安裝 3 個可變電阻，通過旋轉可變電阻來調節 PID 的參數值。

還有一種辦法就是用 MathLab 的 Simalink 軟體做模擬計算。它的優點是能很快地得到最優化的 P、I、D 參數值，但前提是需要一定的數學知識。現實中並非所有的動態系統都能用數學模型描述，所以大多數情形下仍舊使用手動調參的方式。

本節程式碼

10.4 Arduino 與空氣品質監測

空氣灰塵含量的高低對空氣品質造成極大的影響，從每日的天氣預報中，能夠得知一個城市環境污染的指數，但我們生活的區域內灰塵含量究竟是怎樣的呢？本節嘗試將 Arduino 與灰塵感測器結合，測量所生活的區域中灰塵的含量，並統計同一地點不同時間灰塵的含量。

1. 設計

系統設計圖如圖 1 所示，灰塵感測器用於測量環境中灰塵的含量，灰塵含量越高，灰塵感測器輸出的 PWM 信號值越大。將灰塵傳感器、液晶 LCD 和 UNO 主板結合，計算出環境中灰塵的含量，並將它的數值用液晶 LCD 輸出。

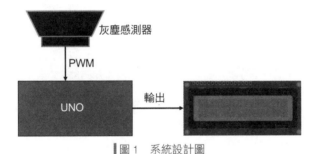

▌圖 1　系統設計圖

2. 詳細設計與程式碼

（1）詳細設計電路圖

掃描二維碼，查看電路的連接過程。

電路連接過程

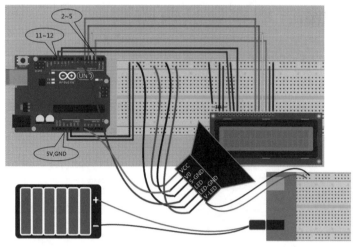

圖 2　空氣灰塵監測系統電路圖

（2）程式碼編寫

```
#include <LiquidCrystal.h>
int measurePin = 0;
int ledPower = 7;
int samplingTime = 280;          // 等待 LED 開啟的時間是 280μs
int deltaTime = 40;              // 整個脈衝持續時間為 320μs 因此我們還需再等待 40μs
int sleepTime = 9680;
float voMeasured = 0;
float calcVoltage = 0;
float dustDensity = 0;
#define dustPin A0
// 建構一個 LiquidCrystal 的函式成員 lcd 使用數位 IO,12,11,5,4,3,2
LiquidCrystal lcd(12,11,5,4,3,2);
void setup(){
    Serial.begin(9600);
    pinMode(ledPower,OUTPUT);
    lcd.begin(16,2);                 // 初始化 LCD1602
    lcd.print("Welcome    ");        // 液晶顯示 Welcome
    delay(1000);                     // 延時 1000ms
```

```
    lcd.clear();
}
void loop()
{
    digitalWrite(ledPower,LOW);
    delayMicroseconds(samplingTime);
    voMeasured=analogRead(measurePin);
    delayMicroseconds(deltaTime);
    digitalWrite(ledPower,HIGH);
    delayMicroseconds(sleepTime);
    calcVoltage=voMeasured*(5.0/1024.0);
    dustDensity = 0.17* calcVoltage - 0.1;   // 將電壓值轉換為粉塵密度
    Serial.print("Dust Denstiy:");
    Serial.print(-dustDensity);
    delay(1000);
    lcd.setCursor(0,0);                       // 設置液晶開始顯示的指標位置
    lcd.print("Dust =");                      // 液晶顯示"Dust ="
    lcd.setCursor(0,1);
    lcd.print((-dustDensity)*1000);
}
```

3. 測試

掃描二維碼查看測試效果。

▌圖 3　成品實物圖

掃一掃

實驗效果

345

　　帶著製作完成的空氣灰塵監測系統在同一時段實地測量學校不同地點的灰塵量，測量結果如圖 4 所示。其中桃李居教師食堂的灰塵含量最高，圖書館的灰塵含量最低。

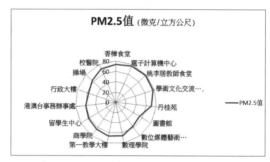

▌圖 4　同一時間段不同地點的灰塵含量

　　另外還在同一個地點每隔一小時測量一次，測量的結果如圖 5 所示。從圖中可以看出，凌晨一點時環境中灰塵含量最高，早上七點時灰塵的含量最低。

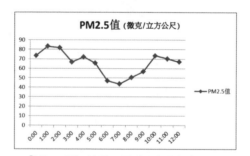

▌圖 5　同一地點不同時間段的灰塵含量

　　根據實地測量的資料進行分析，可以發現灰塵含量的高低或許與人的活動頻繁程度有關。因為雷達圖上數值較高的點是食堂、教學樓等熙熙攘攘的地方，而行政樓、圖書館則相對清靜得多。折線圖也體現出午夜後灰塵數值逐漸降低，直到早晨多數人起床後又逐步增加。可以嘗試用 PIR 紅外感測器，或者 OpenCV 製作一個人流密度資料記錄裝置，將採集到的資料與灰塵資料做相關性分析計算，檢驗上述假設是否正確。

本節程式碼

CHAPTER

附錄

附錄 1　焊接的方法

通過焊接可以把導線與導線、導線與零組件牢固地連接在一起，從而避免因接觸不良而造成的電路不通等異常情況。下面以兩股導線的焊接為例（導線連接不常用此種方法，此處僅作為講解範例）：

材料：①導線②夾子③電烙鐵④焊錫

烙鐵貼住焊接點，使導線升溫，然後將焊錫放在焊點上，受熱後融化。此時應迅速拿開烙鐵，讓焊錫凝固，二根導線連為一體。掃二維碼觀看具體操作。

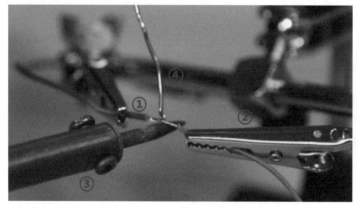

掃一掃

電烙鐵操作

▍圖 1　焊接導線示意圖

選擇烙鐵應注意（針對本書的相關實驗或類似的實驗）：

1. 烙鐵頭為尖頭，因為大多焊點很小。

2. 焊頭最好有螺絲固定，而不是直接套在上面的。因為金屬焊頭加熱後會膨脹，易脫落，損壞桌面上的零組件。

無螺絲固定

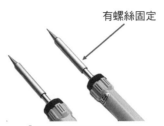

有螺絲固定

▌圖 2　焊頭示意圖（1）　　　　　▌圖 3　焊頭示意圖（2）

3. 焊錫種類分為含鉛、無鉛、高溫、低溫等，此外還有不同粗細規格。建議選擇粗細為
   0.1cm 的低熔點含鉛焊錫，含鉛量高的焊錫熔點低且易附著凝固。但千萬注意，焊接
   時要保持室內通風，避免吸入焊錫融化產生的煙霧；焊接完畢後要洗手。

　　導線，比較好的導線是銅芯外部裹上矽膠絕緣層，柔軟、耐高溫且導電性好。便宜的
導線常用鋁和塑膠絕緣層。

　　焊接前，通常要用剝線鉗剝去一截導線（約 3cm）的絕緣層。本書實驗中，建議選用
剪刀型適合細線的剝線鉗。如果沒有剝線鉗，也可以用剪刀。

▌圖 4　剝線鉗

附錄 2 萬用電表的使用

∙∙∙

問題 1：由於 LED 兩端承受的電壓有限，在電路中通常需要給 LED 串聯一個電阻，分擔 LED 的電壓。如何利用數位萬用電表測量電阻值，為 LED 選擇一個 220Ω 的電阻呢？

解決方案：

測量電阻的阻值共分為兩步。

第一步：將萬用電表黑表筆插入 COM 孔，紅表筆插入 VΩ 孔，萬用電表的旋鈕打到 Ω 所對應的量測。

第二步：將表筆接觸電阻兩端的金屬部位，測量時可以用一隻手穩住電阻，但是兩只手不要同時接觸電阻的金屬部位，否則會影響測量的精確度，因為人體是一個電阻有限大的導體。讀數時，要保證表筆和電阻有良好的接觸。測量的電阻值就是萬用電表上顯示的資料，單位是所選擇的量測的單位。

例如，當量測打到 "200" 檔，單位為 "Ω"，萬用電表讀取資料為 "560"，那麼電阻阻值為 "560Ω"；當量測打到 "2K—200K" 檔，單位是 "KΩ"，萬用電表讀取資料為 "0.56"，那麼電阻阻值為 "0.56KΩ"，即 560Ω。

掃二維碼觀看具體操作。

▎圖 1　測電阻示範

掃一掃

萬用電表測電阻

提示：

1. 如果被測電阻值超出所選擇量測的最大值，將顯示過量測 "1"，這時應選擇更高的量測。對於大於 1MΩ 的電阻，讀數要幾秒鐘後才能穩定，最終取穩定的數值。

2. 當沒有接好時，即開路情況，儀錶顯示為 "1"，這時要檢查表筆與電阻是否斷開。

問題 2：實驗電路已經按照電路接線圖連接好了，燒錄上程式碼之後發現實驗零組件無法正常運行，有可能是電路中某個地方的接線沒有接好，這時需要測量連接的零組件兩端是否有電壓存在。若有電壓，可以排除零組件沒有連接好的可能。如何利用數位萬用電表測量電路中零組件兩端的電壓呢？下面以測量電源兩端的電壓為例予以說明。

第一步：將萬用電表的黑表筆插入 COM 孔，紅表筆插入 VΩ 孔。將萬用電表的旋鈕打到比估計值大的量測。錶盤上的數值均為最大量測，其中 "V-" 表示直流電壓檔。

第二步：用表筆接零組件的兩端，保持接觸穩定，不要用手觸摸表筆的金屬部分。這時數位萬用電表上顯示出的數字就是此零組件兩端的電壓值。

提示：

1. 如果萬用電表上顯示的數字為 "1"，說明選擇的量測太小，需要旋轉旋鈕選擇更大的量測後，再進行測量。

2. 如果萬用電表上顯示的數值左邊出現 "-"，表明表筆接反了，需要將表筆交換後再進行測量。

掃二維碼觀看具體操作。

圖 2　測電壓

掃一掃

解決方案

附錄 3　杜邦線的製作

問題：在製作 Arduino 專案的過程中可以發現，杜邦線的長度一般在 15~31cm。但是在實際連接電路的過程中，根據專案的需要，有時可能需要更長一點或更短一點的杜邦線，甚至要換一種杜邦頭，這時需要自己動手製作杜邦線。怎麼製作杜邦線呢？

材料和工具：剝線鉗、鉗子、杜邦線簧片、杜邦頭端子和排線。

製作杜邦線共分為三個步驟。

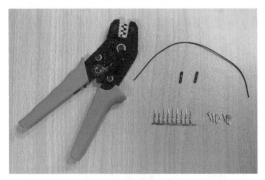

▌圖 1　工具與材料

第一步：選擇一根排線，將排線一端的塑膠外殼剝離，剝離的長度大概 0.5cm。

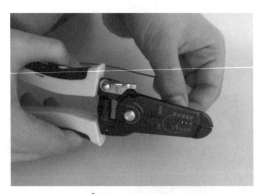

▌圖 2　剝線示範

第二步：將杜邦線的簧片放置在鉗子的口上夾住，不要夾死，這是為了固定杜邦線的簧片，同時將杜邦線的簧片留一部分出來，不能全部夾在鉗口上。

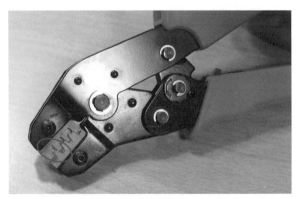

▎圖 3　夾端子

第三步：將第一步中杜邦線上已經剝離好的那端放入鉗子夾住的杜邦線簧片的部分，用力壓緊，壓完之後的線，如圖 4 所示。

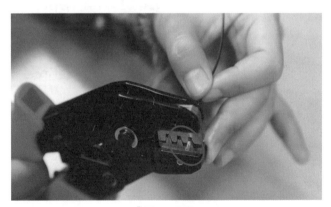

▎圖 4　壓線

第四步：利用相同的方式處理杜邦線的另一端，處理完成後，最後為杜邦線的兩端套上杜邦線頭端子，這樣一根杜邦線就完成了。

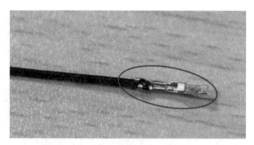

▌圖5　接頭

掃二維碼觀看具體操作。

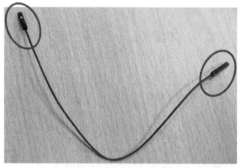

▌圖6　製作完成的杜邦線

掃一掃

杜邦線製作

附錄 4　廢料的處理

在實驗和開發過程中不可避免地會產生損壞的電路板、馬達及舊電池等廢料。這些廢料多含有微量的鉛等重金屬，直接進入環境會造成污染。最好準備一個廢料盒，將損壞的零組件、焊接產生的碎屑都及時收集起來，屆時統一處理。

電池

社區裡基本上都有回收舊電池的地方。普通的鹼性電池，充電電池可直接投入回收箱。

電路板

電路板需要送到專門的回收站。由於各地情況不同，最好找資質比較好的回收機構。

附錄 5　零組件的整理

● ●

　　隨著製作的專案越來越多，各種各樣的零組件也會隨之增加。如何整理逐漸增多的器件呢？整理零組件需要兩個步驟，先是對零組件進行分類，再根據分類將零組件歸整到零件盒內。

　　分類：建議採用圖 1 所示的方式進行分類。

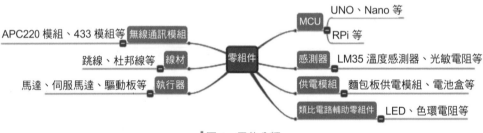

▍圖 1　零件分類

　　存放：建議採用可分割組合的抽屜式零件盒。每個盒子內可以分成多個小方格，且多個盒子可以堆疊。同時在零件盒的正面貼上標籤，便於取用後放回原處。

▍圖 2　零件盒